"十四五"普通高等教育本科部委级规划教材

U0734192

FUZHUANG ZHUANTI SHEJI
服装专题设计

陆 平 编著

中国纺织出版社有限公司

内 容 提 要

本书为"十四五"普通高等教育本科部委级规划教材。

服装教育既面临发展机遇又面临挑战，本书着眼课程建设与创新，旨在培养学生适应岗位需求，在未来的设计中能获得可持续发展，成为引领设计潮流的一代。本书从专题设计的角度出发，介绍了服装及服装设计概念、服装造型设计、服装廓型设计、服装结构线设计、服装部件设计、服装色彩与图案设计、服装面料再造、服装风格、服装品类设计、创意服装设计共十个部分，内容贴近学生，汇集大量图例更易于读者接受，具有一定的指导意义和较高的鉴赏价值。

本书既可作为高等院校服装专业教材，也可作为服装企业人员、自由设计者及服装制作爱好者的参考书。

图书在版编目（CIP）数据

服装专题设计 / 陆平编著 . -- 北京：中国纺织出版社有限公司，2024.3（2025.5 重印）

"十四五"普通高等教育本科部委级规划教材

ISBN 978-7-5229-1421-3

Ⅰ.①服…　Ⅱ.①陆…　Ⅲ.①服装设计－高等学校－教材　Ⅳ.①TS941.2

中国国家版本馆 CIP 数据核字（2024）第 039624 号

责任编辑：郭　沫　　责任校对：寇晨晨　　责任印制：王艳丽

中国纺织出版社有限公司出版发行
地址：北京市朝阳区百子湾东里 A407 号楼　邮政编码：100124
销售电话：010—67004422　传真：010—87155801
http://www.c-textilep.com
中国纺织出版社天猫旗舰店
官方微博 http://weibo.com/2119887771
北京通天印刷有限责任公司印刷　各地新华书店经销
2024 年 3 月第 1 版　2025 年 5 月第 2 次印刷
开本：787×1092　1/16　印张：14.75
字数：265 千字　定价：59.80 元

前言

　　服装与大众生活密切相关，随着服装行业的快速发展，服装功能的内涵与外延向社会文化和精神生活等层面拓展。纵观服装的流行与变迁，人类社会中每一次科学技术的革新、新艺术风格的形成或任何一种社会思潮的产生等，都会促使服装创新，发生前所未有的变化。服装作为可视化产品，自工业革命后，服装设计师开展了较多的创造性美学探索与实践，通过服装这一介质传递时代信息和文化风貌。服装设计师借助服装语言的艺术表达，以物化的形式体现形式美，引领流行时尚，在赋予服装产品艺术价值的同时，也赋予其商业价值。随着现代生活方式的改变，人们更加注重着装时尚化与个性化的表达，简单的复制和模仿已无法满足人们对服装的审美需求，服装产业由制造型向设计型升级转变，这对服装行业提出了新的要求。如何探索新形势下服装人才培养模式，在服装教学方面突破传统的固有模式，开拓新视角、培养创新意识、提高创新能力是服装教学面临的任务之一。

　　本书以培养具有创新意识的技能型服装人才为目标，内容翔实丰富、重点突出，力求理论与实践有机结合，体现当下服装行业发展的新方向。通过服装设计基础知识介绍提升学生的专业素养，本书采用图文并茂的方式展示了大量的作品，可为学生提供直观的灵感启发。内容涵盖服装及服装设计的基本概念、服装造型设计、服装廓型设计、服装结构线设计、服装部件设计、服装色彩与图案设计、服装面料再造、服装风格、服装品类设计、创意服装设计共十个部分，既注重服装设计的理论性，更重视学生艺术审美及创新思维能力的提升。各个章节都附有大量的图例，直观展示了服装设计的多个层面，便于读者理解，此为一大特色。

　　本书的编写得到多位老师的大力支持，对此笔者深表谢意。在编写过程中笔者参阅了大量服装专业相关书籍，受益匪浅，在此表示衷心感谢。在有限的时间内完成本书的编写，尽管经过多次调整与完善，但仍难以尽善尽美，难免有欠缺之处，恳请广大读者批评指正。

编著者

2024 年 1 月

目录
C O N T E N T S

第一章

绪论

PART1

课题名称	绪论
课题内容	服装基本概念
	服装的分类
	服装设计的概念及基本条件
	服装设计的内涵
	服装设计与创意表达
课题时间	4课时
教学目的	通过对服装及服装设计的概念、服装分类、服装设计内涵及创意表达的介绍，使学生初步了解服装设计的基础知识，为接下来的理论与实践学习做好准备。
教学重点	1. 服装出现的原始动机及逐步发展的原因。
	2. 服装创意设计的意义。

第一节 ｜ 服装基本概念

人们的日常生活离不开服装，通常我们所谈及的衣、食、住、行，一方面体现了服装与人类生活的密切程度，另一方面也是人类进化至高级阶段，对精神世界的追求。服装在人类长期认识世界、改造世界的过程中逐步丰富，从而形成今天丰富多彩的衣文化。

一、服装的起源与发展

服装随着人类文明的发展及人类社会的进步，历经时代变迁，由最初遮羞护体到社会等级身份的象征，继而成为表达自我、展示个性的物化符号，其不仅满足了人们服用功能的物质性需求，而且反映了社会审美意识和审美活动，呈现出服装满足精神需求方面的社会作用。关于服装的产生，是一个非常复杂的问题，社会学家及人类学家大致概括为以下几种。

（一）保护说

一种说法是，当人类从爬行状态进化到直立行走后，为避免在寻找食物的过程中身体受到伤害，逐步用自然的或人工的物体先包裹生殖器官，进而包裹其他部分，由此产生了服装。另一种说法是，生活在寒冷地区的原始人，为了保暖御寒，使用兽皮裹身。与此相反，在沙漠地区，地表温度高，湿度低，衣服的出现与其说为了避暑，不如说为了防止体内水分过快蒸发。以上观点解释了服装的产生是人类面对环境变化采取的一种保护措施，是为了适应气候的变化，抵御外界伤害及人类相互争斗过程中一种保护自我的本能的生理需求（图1-1、图1-2）。

图1-1　穿兽皮的克罗马农人

（二）护符说

在原始社会初期，人类对客观世界的认知还处于懵懂混沌的状态，原始人在自然崇拜的图腾信仰中，相信万物有灵，认为将一些特定的物体穿戴在身体上，就会得到神灵的庇护，得到超自然的能力，远离灾难和死亡。由于人们不能正确区分醒时的感觉和梦中的幻觉，以致把精神同肉体分离开来，视精神独立于肉体之外而存在。为了使恶灵不能近身，同时为了得到善灵的保护，原始人用绳子把一些特定的

图1-2　新石器时代原始人

物体，如贝壳、石头、羽毛、兽齿、叶子、果实等戴在身上，以示保佑和辟邪。他们相信，这些穿戴在身上的护身符，具有人眼看不见的超自然的力量。这种穿戴护身符的行为发展到后来，就是人类穿衣的生活行动，这些护身符后来就以某种装饰品的形式装饰在人们身上。直到现在，这种为了护身而采取的行为在一些原始部落中依旧盛行（图1-3、图1-4）。这种活动也逐渐演变成日后的一种穿衣行为。

图1-3 非洲哈马尔部落

图1-4 胡里夫格曼部落

（三）装饰审美说

这种说法认为，服装的产生与人类装饰美化自身的性本能相关，通过美化自身使其更具魅力，也更具吸引力，是人类爱美的情感表达。用美的物品来装饰自身逐步演化成人类日后的穿衣行为。通过穿衣打扮，呈现令人赏心悦目的效果，满足着装者的心理及精神的审美需求，形成了服装较为重要的社会机能，推动了服装的变化与发展（图1-5、图1-6）。

图1-5 那加兰邦部落

图1-6 埃塞俄比亚原始部落

（四）遮羞礼仪说

提出这一起源说的学者认为，随着人类从猿进化到人，在漫长的岁月中逐步形成了意识形态。从原始社会进入另一种社会形态的过程中，逐步形成社会等级制度及道德观念，为了区分尊卑、维护社会礼仪及赋予人社会属性，在衣着打扮中出现了贵贱不同、男女有别、内外之异的式样（图1-7、图1-8）。

图1-7　古埃及法老

图1-8　晋武帝司马炎

二、服装与服饰

服装又称为衣服、衣裳，许慎在《说文解字》中写道："衣，依也，上曰衣，下曰裳。"根据史料记载，夏朝延续了史前时代的上衣下裳制，而商代之后，将上衣、下裳连接起来，出现深衣式样，逐步形成冕服制度，如图1-9所示。自周代始，中国冠服制度趋于完备，充分展现了奴隶社会的等级性。广义的服装指穿着在人体上起保护及装饰作用的物品，除此之外，它还是身份、生活态度及个人魅力的表现。

龙　星辰　月　右衽　日　大带　革带
山　　交领　上衣　宗彝
火　袂（袖子）　藻（水草）
华虫（凤）　蔽膝
粉米（白米）　黼（斧）
黻　裳（裙子）

红色：冕服分解说明　蓝色：十二纹章说明

图1-9　中国古代冕服

服饰，广义上讲，指人们穿戴、装饰美化自身的行为。狭义上讲，又称为服饰品、配饰，指与服装相互联系的装饰物。服装包含了衣服与穿着两方面含义，服饰与服装两者相辅相成、无法割裂，共同展示人们完整的视觉形象（图1-10）。

三、成衣与时装

成衣是相对于自己动手制作服装及个性化定制而言的一个概念，是指按一定标准的型号、规格，批量生产的服装产品。成衣作为一种现代化工业产品，具有批量化、规模化、质量标准化等特征（图1-11）。

时装，从字面理解，包含时髦、时尚等属性，是指款式新颖且具有较强时代感的服装。流行性、创新性、时间性是其主要特征，时装能较敏感地反映出特定时期内时尚潮流的变化（图1-12）。

四、高级时装与高级成衣

高级时装又称为高级定制，是源于法语"Haute-Couture"的意译，从字面理解，高级时装诠释了服装制作制高点的含义。高级时装由高昂的价格、高档的材料、高级的做工、高端的设计等要素构成，在法国，高级时装由高级时装协会认定，受法律保护，每年于1月和7月举办两次发布会（图1-13~图1-15）。

图1-10 现代服饰

图1-11 成衣生产制作

图1-12 流行时装

高级成衣是指在一定程度上保留或继承了高级定制服装的某些技术，以中产阶级为对象的小批量、多品种的高档成衣；是介于高级定制和以一般大众为对象的大批量生产的普通成衣之间的一种服装产业；是制作精良、设计独特、小批量生产的高档成衣，在一定程度上保留了高级时装的艺术性（图1-16~图1-18）。

图1-13　郭培2018春夏高级定制

图1-14　艾莉·萨博（Elie Saab）2023秋冬高级定制

图1-15　麦尔逊·萨拉克莱比（Maison Sara Chraibi）2023/2024秋冬高级定制

图1-16　乔治·阿玛尼（Giorgio Armani）2023春夏高级成衣　图1-17　玛尼（Marni）2023秋冬高级成衣

图1-18　拉夫·劳伦（Ralph Lauren）2024早春高级成衣

第二节 ｜ 服装的分类

　　由于服装的基本形态、种类、制作方法、制作材料等较为丰富，各式各样的服装呈现出不同的风格与特征。服装的分类方法较多，按照不同的要求可分为不同的类型，归纳起来，大致有以下几种。

一、根据服装的基本形态与造型结构分类

（一）体形型

　　体形型服装是指符合人体形态、人体结构的服装，源于寒带地区，主要分为上装、下装两部分。上装与人体胸围、项颈、手臂的形态相适应；下装符合腰、臀、腿的形状，式样以裤、裙为主。体形型服装的裁剪和缝制较为严谨，注重服装的轮廓造型和整体效果（图1-19）。

（二）包裹型

包裹型服装起源于热带地区，多以宽松、舒展的形式将布料覆盖在人体上，是一种不拘泥于人体形态，较为自由随意，裁剪与缝制工艺以简单的平面效果为主的服装式样（图1-20）。

（三）综合型

综合型结构的服装是寒带体形型和热带包裹型混合的形式，兼具二者的特点，以人体为中心，基本形态为长方形，剪裁以简单的平面结构为主（图1-21）。

图1-19　我国蒙古族女子服装　　图1-20　坦桑尼亚"康加"　图1-21　马来西亚"萨龙"服装

二、根据服装穿着组合分类

按照服装穿着组合形式，可分为一体式和套装。一体式指上下两部分相连的服装式样，如连衣裙、连身裤等（图1-22、图1-23）。

图1-22　连衣裙　　　　　　　　　　　　　　图1-23　连身裤

套装是指经过精心设计，由上装、下装组成，可以是衣裤组合，也可以是衣裙或外衣加衬衫等多种配套形式。套装包括两件套、三件套或四件套等，通常由同色同料、风格造型一致的上衣、裤子或裙子搭配组合，形成和谐统一的视觉效果（图1-24~图1-26）。

图1-24 两件套

图1-25 三件套

图1-26 四件套

三、根据性别、年龄分类

根据性别不同，服装可分为男装、女装和中性服装。

女装多采用曲线造型，款式变化较为丰富，体现女性与男性不同的柔和的外观形象及温婉的气质魅力（图1-27、图1-28）。

图1-27 瓦伦蒂诺（Valentino）2023春夏高级定制女装

图1-28 帕图（Patou）2024春夏女装

男装多采用直线造型，款式简洁且少有装饰，根据男性心理及生理特征，主要表现硬朗、阳刚之气（图1-29、图1-30）。

图1-29　乔治·阿玛尼（Giorgio Armani）2023秋冬米兰成衣

图1-30　乔治·阿玛尼（Giorgio Armani）2024秋冬米兰成衣

中性化服装指性别界限模糊，男女皆可穿的衣服，如牛仔裤、运动服、职业装、制服等（图1-31、图-32）。

图1-31　中性服装

图1-32　运动休闲服装

　　根据年龄的不同，可分为童装、青少年装、成人装、中老年装（图1-33~图1-37）。由于儿童处于发育期，身体变化大，童装根据年龄又细分为婴儿服（0~12个月）、幼儿服（1~5岁）和学童服（6~12岁）。青少年装，一般指8~15岁男女少年穿着的服装。成人装一般指25岁以上人群所穿服装，中老年服装一般指50岁以上人群所穿服装。随着年轻化风格的流行，很多服装在性别和年龄上不同程度地模糊起来。

图1-33　婴幼儿服

图1-34　学童服

图1-35　青少年装

图1-36　成人装

图1-37　中老年服装

四、根据服装的用途分类

（一）内衣

内衣又称为人体的第二层肌肤，是贴身穿着的衣物，从功能上分，有矫形内衣、保健内衣和装饰内衣三种（图1–38）。

图1–38　内衣

（二）外衣

外衣通常为穿着的外层衣服的总称，由于穿着场合及用途的不同，又可分为礼服、日常服、职业服、运动服、家居服、舞台表演服等。

1.礼服

礼服是礼仪服装的简称，分为正式礼服和半正式礼服，也可以按照参加活动的时间分为日礼服和晚礼服。日礼服多为白天出席正式场合时穿着的礼服，面料采用光泽度较低、高档的毛纺织物，款式多为连衣裙或套装，裸露肌肤较少（图1–39）。晚礼服是参加夜间盛大活动时穿着的礼仪服装，面料多采用有光感、明度纯度较高、轻盈飘逸的织物，多为裸露肌肤较多的款式，装饰丰富，做工精美，体现奢华的气质（图1–40）。除此之外，还有两种礼服，即婚礼服和丧礼服。西方国家，新娘穿着的婚礼服多为白色，象征纯洁高贵；东方国家，新娘穿着的婚礼服多为红色，象征吉祥喜庆（图1–41）。丧礼服多采用黑色、无光感的面料，款式简洁，裸露肌肤较少（图1–42）。

图1-39　日礼服　　　　　　　　　　　　图1-40　晚礼服

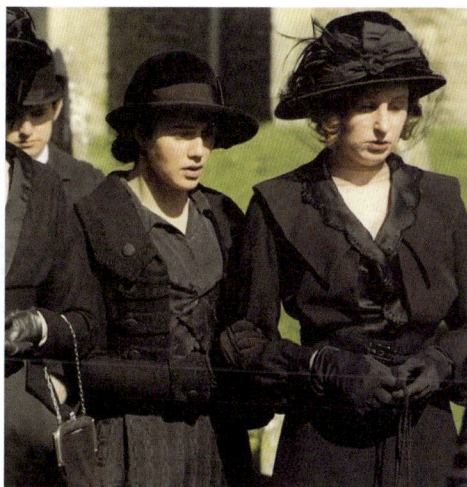

图1-41　东西方婚礼服　　　　　　　　　图1-42　丧礼服

2.日常服

日常服即日常生活中穿着的服装，相对礼服而言较随意轻松。日常服包括轻薄型外衣、拆卸式外套及多层次穿搭组合，与四季温差相适应。

3.职业服

职业服是一种能够明确标识某一职业的特殊服装。相较于日常服，其实用性大于装饰性，与着装者职业关系紧密，能够以清晰的服装语言标示身份角色、岗位定位（图1-43、图1-44）。

4.运动服

运动服是参加体育活动时穿着的服装的总称。随着全民健身的普及化，运动已成为现代社会一种流行的生活方式，依据不同类型的运动，服装式样也有区别，但更多地强调服用功能的机能性特点（图1-45、图1-46）。

图1-43　医生工作服

图1-44　厨师工作服

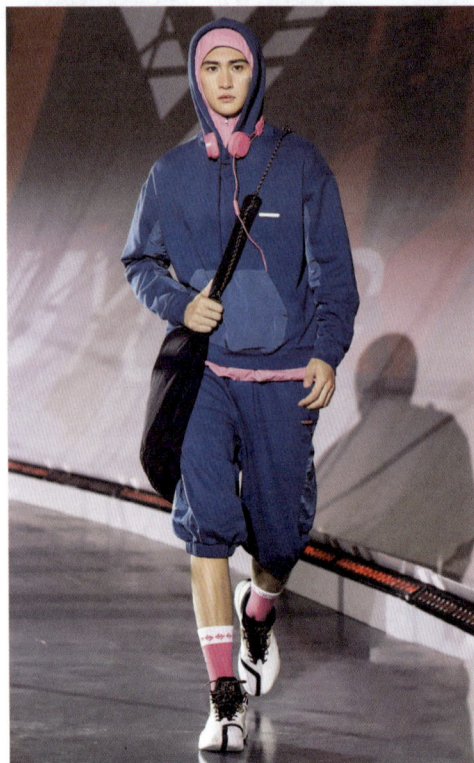

图1-45　2023/2024秋冬361°

图1-46　2023/2024秋冬特步

5.家居服

　　家居服是由睡衣衍生而来的一种服装，随着人们对高品质生活的追求，家居服成为现代家居生活方式的一种载体，温馨、舒适、时尚是现代家居服总的设计要求，其涵盖范围越来越广，既包括传统意义上的睡衣系列，也包括满足会客及小区散步等日常需求的服装系列（图1-47）。

图1-47　家居服

6.舞台表演服

舞台表演服是指舞台演员演出时穿着的服装，具有艺术化、舞台化等显著特征，是整个舞台艺术不可或缺的重要组成部分，是帮助演员塑造角色形象的重要手段之一（图1-48、图1-49）。

图1-48　《雀之灵》舞台表演

五、根据服装的特殊功用分类

特殊功用服装是指具有耐热、耐寒、防水、抗磁等多种特殊功能的服装，部分有特殊行业需求的作

图1-49　《歌剧魅影》剧照

图1-50　防化服

业服还具备自动调节温度的功能。特殊功用服装分为一般防护服和特殊防护服两大类。目前，我国特殊功用服装包括阻燃阻热防护服、抗静电防护服、抗油拒水工作服、防辐射类工作服、防化服等。这一类服装总的特点是高性能化、多功能复合化（图1-50）。

六、根据穿着季节分类

在日常生活中，人们习惯按照一年中的四个季节将服装分为春装、夏装、秋装及冬装。春装一般适合10～22℃的气温，主要有薄型毛呢西服、外套、风衣、夹克、毛衫等。夏装适合22℃以上气温穿着，以防暑隔热为目的，主要有短袖衬衫、T恤、裙子等，通常以质地轻薄的天然纤维为主，随着科技的发展，出现了新型的吸湿快干面料、调温面料及防晒面料等夏装面料。由于秋季与春季温度较接近，所以习惯上秋装与春装互通。秋季略带凉意，与春装不同，秋装多采用黄褐色、土黄色、土红色等偏温和的中性色彩。冬装一般适合10℃以下的气温，主要有羽绒服、棉服、皮草、毛呢大衣等。冬装用料厚实，多采用封闭式造型，随着智能保温材料的开发，冬装呈现轻薄化趋势。

七、根据服装的材料分类

服装面料可分为纤维制品和毛皮制品。纤维制品包括天然纤维、合成纤维及再生纤维。天然纤维主要由棉、麻、丝、毛四大类组成。合成纤维是以石油、煤或天然气等材料中的小分子物质为原料，经过人工合成的纤维，如日常服装中常使用的涤纶、氨纶、腈纶等面料都是合成纤维。再生纤维是指以纤维素和蛋白质等天然高分子化合物为原料，经化学加工制成高分子浓溶液，再经纺丝和后处理而制得的纺织纤维。近年来，竹纤维、莱卡、莫代尔等再生纤维被广泛应用于服装生产中。毛皮制品包括皮革类和皮草类。在进行服装设计与制作的过程中，总的原则是保证织物特性和视觉感受与服装款式及风格协调匹配。

第三节 ｜ 服装设计的概念及基本条件

一、服装设计的概念

服装设计是一个综合性艺术创作的过程，体现了艺术构思与工艺制作的结合，同时也是服装生产与销售的第一步。服装设计是以装饰美化人体、提升个人气质、表达个性为目的的一种创造性活动。服装设计是艺术与技术的整体美学结合，体现了服装材质、造型、工艺等多方面的美感，是技术与艺术的协调统一，充分展示了服装特有的艺术形象感和美学意趣。

二、服装设计的基本条件

广义上，服装设计可分为两大形式，一种是针对具体的个体进行的定制设计，另一种是针对某一群体进行的批量化成衣设计。无论采用哪种形式，着装者选择服装款式时，都需要兼顾时间、地点、目的，力求使自己着装后的整体形象与其参与社会活动的时间、地点、目的协调一致，较为和谐。因此服装设计主要围绕以下几点考虑。

（一）什么时间穿

从时间上讲，有春、夏、秋、冬四个季节的变化，在不同的时间里，着装的类别、式样、造型根据日照时长和生活内容而有所变化。例如，冬天要穿保暖、御寒的冬装，夏天要穿透气、吸汗、凉爽的夏装。白天在公共场合，需要面对他人，穿着的衣服应当得体；晚间在非正式场合，可穿着随意舒适等。

众所周知，在西方，人们会依据不同的时间段进行穿衣打扮，如男装中的燕尾服只能在晚上六点之后的正式社交场合穿，而不能在白天穿。同样，女士不能在日间正式场合中穿晚礼服。随着我国衣生活逐步现代化和国际化，在一些正式场合下，根据不同时间段划分的穿衣模式逐渐被大众接受。因此，这是服装设计考虑的条件之一。

（二）什么场合穿

场合是指特定的时间和空间下具体的生活场景。在这些不同场景中，着装的款式应当有所不同。例如，在海滨浴场穿泳装，不会引起人们的反感和诧异；但如果穿着泳装去上班、逛街，显然是不合适的。服装设计需要考虑自然环境与社会人文环境，以及穿着的场所，区分工作环境与娱乐环境、正式场合与非正式场合、公共场合与私密场合的款式。

（三）什么人穿

无论是针对特定对象的服装定制，还是为某群体进行的成衣设计，都需要考虑不同年龄、不同性别、不同体型的差异性，还需要考虑不同文化素养、不同社会地位、不同收入、不同兴趣爱好的人群对生活态度的差异性，因此，针对上述不同着装者进行系统分析，区分不同的服装定位才能满足人们的消费需求。

总体而言，服装设计的基本条件可简单概括成TPO原则，即Time（时间）、Place（场合、环境）、Object（主体、着装者）。不同类型的气候条件对服装需求不一样，服装款式造型、服装面料、配饰选择等也会受到时间、场合的影响，同时，服装设计也需要考虑不同国家地区的习俗、不同人群的要求。文化背景、教育程度、艺术品位及经济收入都是影响服装消费的因素，这些都需要纳入服装设计方案的考虑范畴。同时，作为一名优秀的服装设计师，必须了解、熟悉和及时关注服装文化内涵的体现、服装流行趋势的预测、人们衣着心理的把握、市场消费动态的变化等相关知识。时至今日，服装已成为一门涉及美学、材料学、工程学、心理学、市场学等多种学科的综合学科，在现代社会生活中发挥着重要的作用。

第四节 | 服装设计的内涵

　　就服装设计的本质而言，它是在满足人们物质需求的同时满足其精神需求，服装的这种特征通常被称为服装的实用性和艺术性。服装实用性设计以满足人们的物质需求为主要目的，是服装文化发展的基础。服装艺术性设计的主要作用是不断地试验与创新，推动服装多元化创新，为实用性服装寻找新的设计方向。在每一年的国内外时装发布会中，设计师的作品大都属于艺术性服装，这些极具创意性和审美性的服装既显示了设计师的创造才华，扩大和提升了品牌的影响力和知名度，同时又带动和促进了实用化服装产品的销售，产生了巨大的经济效益。反过来，这些效益又为更新、更多的艺术性服装的产生提供了雄厚的经济基础。因而，服装的艺术性和实用性是一种螺旋形上升、相互依赖的关系。

一、服装设计的审美

（一）整体美

　　服装设计的整体美体现在服装的内容与形式完美组合，即服装的款式、色彩、面料、工艺等各要素和谐统一，穿着后的状态能够体现美感，展现着装者的气质与风采。服装设计的整体美综合体现了人、服装、环境三者之间的统一，体现出统一的整体与局部、内与外具体完整的视觉形象（图1-51）。

图1-51　服装整体美

（二）造型美

　　服装是三维的立体构成，因此，任何一款服装都离不开造型设计。服装的造型设计离不开点、线、面、体等要素，这些要素依据形式美法则，使服装外部廓型与内部结构组合形成丰富的设计语言，在统一中追求变化，在变化中形成统一，由不同的形态元素构成了不同的造型美（图1-52～图1-54）。

图1-52 卓娜·马丁（Juana Martín）
2022/2023秋冬高级定制女装

图1-53 斯蒂芬·罗兰（Stephane Rolland）2023/2024秋冬高级定制女装

图1-54 夏帕瑞丽（Schiaparelli）
2023/2024秋冬高级定制女装

（三）工艺美

在现代服装创作、生产的过程中，随着科技的进步和制作技艺的不断更新，形成了独特的服装外观及细节展示，结合设计要素及材质要素体现的工艺美，能更好地凸显服装风格及品质，同时影响着服的价格定位。随着时代的进步，社会的发展，人们对服装工艺的要求越来越高，具有创新性的制作工艺带来的技术美，诠释了服装设计是一门技术与艺术结合的综合学科（图1-55）。

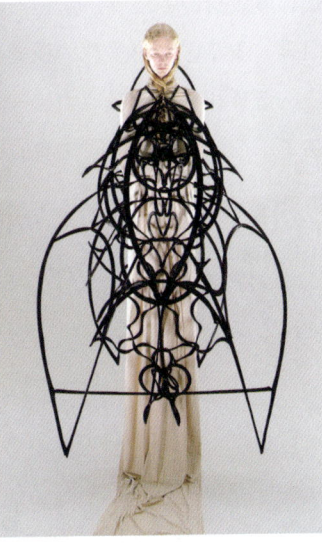

图1-55 服装工艺美

（四）色彩美

色彩在服装设计和展示中起到非常重要的作用，服装色彩设计是解决和处理服装整体形象的手段之一，也是形成服装美感的重要元素之一。服装色彩美主要体现在以下方面：服装自身材质的色彩美感，服装整体色彩搭配的美感，服装整体色彩与周围环境的协调美感。通过服装色彩设计，不仅传达了色彩作为一种视觉语言想要表达的信息，而且给消费者带来了悦目的感观（图1-56）。

图1-56　服装色彩美

（五）材质美

服装材质是服装的载体，由服装材质产生的美感被称为服装材质美。服装材质美主要表现在服装材料的质感、肌理、色彩、悬垂性、挺括性、伸缩性、柔软性等方面。不同材料的肌理、质感、色彩呈现的视觉美感能够激发设计师的创作灵感，在现代服装设计中，服装材质的选择和运用已经成为越来越多的设计师考虑的因素。同时，利用材质的二次再造、创新加工工艺的处理、不同材质的拼贴等方式，为服装材质美增加了更多的形式表现（图1-57）。

图1-57　面料再造

二、服装设计的内容

服装设计是一门综合性艺术，是从灵感来源、主题构思到整装设计的过程。服装设计是选用一定的材料，运用恰当的设计语言，依照预想的造型结构，通过特定的工艺手段来完成整个着装状态的创造。服装设计包括服装款式设计、服装结构设计和服装工艺设计三个方面。

（一）服装款式设计

款式设计是构成服装设计的三大要素之一，同时也是服装设计的重要环节，是构成服装美的基础。设计师需要了解廓型变化的因素，借助成熟的设计方法提取流行元素完成式样设计，诠释时尚流行。

（二）服装结构设计

结构设计的目的是将款式设计的形态平面化，把款式图转变成结构图，是款式设计与工艺设计的中间环节，没有结构设计就无法实现成衣制作。结构设计的重要性在于既要保证实现款式图的创意表达，又要适当完善弥补款式设计中的不足，同时还需兼顾工艺设计的合理性及工业生产的可实现性。

（三）服装工艺设计

工艺设计是通过服装结构设计，完成服装制作的关键步骤。工艺设计将结构设计的结果安排到合理的生产规范中，包括服装工艺流程与产品尺码规格的规定、辅料的配用、缝合方式与定型方式的选择、工具设备和工艺技术措施的选用、成品质量检验。工艺设计的合理性直接影响服装的品质和生产成本。

第五节 ｜ 服装设计与创意表达

服装设计是一项综合性实践活动，依据服装行业及市场需求，把握艺术性、科学性、商业性，运用恰当的设计语言进行构思和创作。服装设计是服装生产的第一步，是对服装材料和服装制作手段的限定。服装创意是服装设计的重要环节，是对服装发展、流行趋势的表现，是在服装构成或设计上融入创造性的意念或构思。

一、服装创意的本质

服装设计的本质是创意，即创造一种新的意境，倡导一种新的生活方式，推动人类社会不断进步。将创意应用于服装设计的含义，是设计者发挥其独特的创造力和想象力，以一种现代时尚的语言与深厚的文化积淀赋予作品个性化、艺术化、实用化和情感化特征，以实现服装设计作品的独创性。

服装创意就是将具体的形态进行更新与创造，重新理解服装材料、色彩、结构及穿着方式，运用新观念、新思维、新思路、新技术创造服装的新形态、新结构、新形式、新造型，这些新意是设计师的艺术、情感和审美的流露。服装创意是在服装常规结构的基础上，通过创新变化满足不同消费者的需求，拓展服装设计语言。

二、服装创意的重要性

创意的价值是无限的，只有不断进行服装创意实践，才能激发设计师的创作潜能，培养创新意识，提高人们的审美品位，创造无限商机。没有创意，服装就失去了多姿多彩的视觉魅力，显得平淡无奇。服装创意表达无处不在，需要我们用善于发现的眼睛，找寻历史和生活中的有用信息。创意灵感的来源主要是他物和自身，可从多途径、多场景获得，如大自然、社会生活、文化思潮、姐妹艺术、人类科技进步与发展等。随着服装业的迅猛发展，服装市场竞争日益激烈，除了运用科学的手段，还需要在传统的基础上，摸索从未使用过的素材，研究各个设计要素的突破点和结合点，不断尝试创新探索才能不断创造时尚。

○˙ 思考题

1. 简述服装出现的原始动机及逐步发展的原因。

2. 简述服装创意设计的意义。

第二章

服装造型设计

P A R T 2

课题名称 | 服装造型设计

课题内容 | 服装造型构成要素

　　　　　服装造型设计构成规律

　　　　　服装造型设计思维形式及灵感来源

　　　　　服装造型设计方法

课题时间 | 16课时

教学目的 | 通过对服装造型构成要素、服装造型设计构成规律、服装造型设计思维形式及灵感来源、服装造型设计方法的介绍，让学生了解服装造型设计的基本知识，掌握服装造型设计的方法，灵活运用服装造型设计增加整体创意效果。

教学重点 | 1. 掌握服装造型设计构成要素及规律，为创意服装造型设计实践提供设计方法。

　　　　　2. 培养学生运用独特的设计思维及创新设计的手法对服装造型进行创意设计。

第一节 | 服装造型构成要素

服装是三维的立体空间造型，是由最基本的形态要素点、线、面构成的。服装设计就是运用美的形式将这些要素组合成完美的服装造型结构。

一、点的设计

（一）点的定义

点具有最小极限的特性，是一种没有长短、宽度和深度的零次元的非物质存在。虽然有位置，但没有大小，其产生于线的界限、端点和交叉处。为了表示点，通常会在平面上把它具象化，变为可视的形象。点在概念上是球形的，但不一定是圆的。一个点时，点作为球心形态成为注视的存在（图2-1）；两个点时，点和点之间产生了心理的结合，形成了线的表现，有一种紧张感、刺激感，形成了空间力感的场，产生了视线引导（图2-2）。也就是说，在平面上放置点是一种强调，服装上的纽扣、图案、饰品等均可以作为点的表现形式。

图2-1　一个点形成的视觉中心　　　　图2-2　两个点产生的视线引导

（二）点的构成

1.单点

如果点的位置处于一个方框的中心，其力的关系是上下左右均等，构成一种静态的统一体。如果改变处于平面中心单个点的位置，就会形成运动的感觉（图2-3）。

2.两点

当一个平面中出现距离中心线相等的两个对称点时，能产生上下、左右、前后均衡的静态感，当两个点同时靠近某个角或某条边时，就会形成移动的视觉感受（图2-4）。

图2-3　单点位置改变产生不同的视觉效果

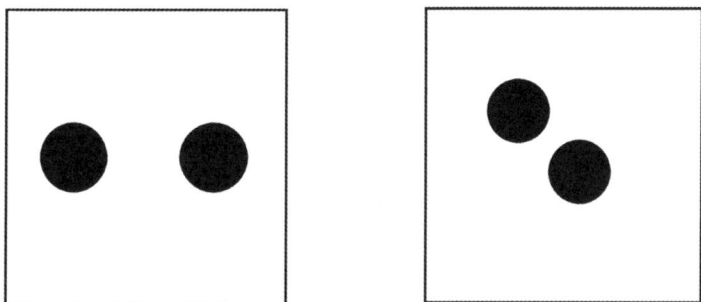

图2-4　不同位置的两个点产生不同的视觉效果

3.三点

当平面中出现三个点时，如果按一定位置进行排列会形成视线引导。三点中两两间距相等时，呈现较稳定、静止的视觉感受；若三点分布呈倒三角形，则呈现不稳定的动态感。三点分散出现时，会引起视线移动，使人产生连动感（图2-5）。

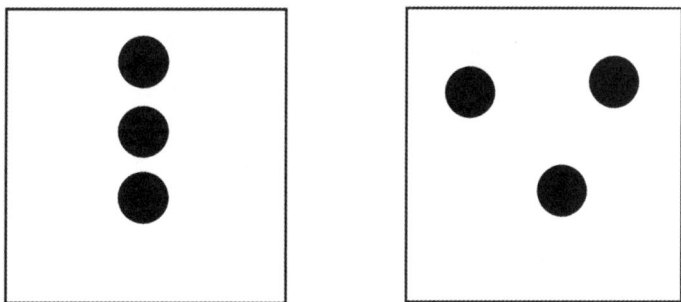

图2-5　三点产生的视线引导

4.多点

多个大小不同的点组合在一起会产生系列感、层次感和次序感。多点呈曲线排列时，给人以柔和感和韵律感；多点呈有秩序排列时，给人以规则感、整齐感；多点无序排列时，虽分散杂乱，却能给人以活泼、灵动的感受。若将一定数量大小不等的点以渐变方式排列，会给人以立体感和视错感。若将一定数量大小相同的点放置在不同的底色中，则会呈现不同的视错效果。若将大小相同的白点均匀地放置在黑底背景上，其表现力较弱，呈现素雅内敛的视觉效果；反之，则形成较强的视觉张力，呈现一定的纵深效果（图2-6）。

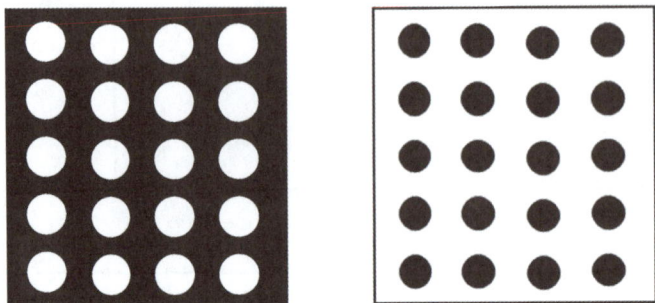

图2-6　多点产生的视觉效果

（三）点在服装设计中的表现

1.装饰点

服装中用于装饰的点主要包括首饰和服饰品，其作用是防止服装单调，追求着装后的整体美。首饰主要指耳环、胸针、手镯、项链等。由于首饰有较强的光效应，所以装饰效果较明显。服饰品主要指包袋、鞋子、腰带、手套、帽子等，追求与服装某一部位呼应，起到画龙点睛的作用（图2-7、图2-8）。

图2-7　首饰

图2-8　服饰配件

2.图案点

在服装中，图案点的应用表现为，通过一定的工艺制作，将具象或抽象的图形、艺术化的文字、字母等形式放置在服装上。这些图案由于大小不同、位置不同，其视觉效果也不同。大图案体现热情，中图案体现优雅，小图案则会形成灵动活泼的效果（图2-9~图2-11）。

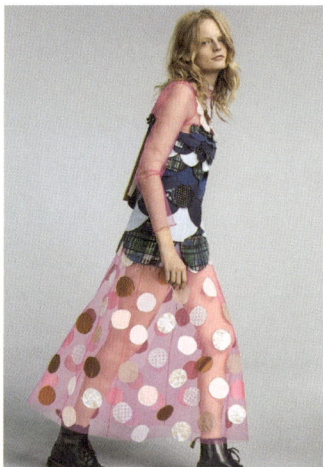

图2-9 大点设计　　　图2-10 点的大小变化　　　图2-11 小点的灵动感

3.工艺点

服装中工艺点主要包括服装辅料及服装加工工艺。例如，纽扣、珠片等具有一定的功能性和装饰性，可成为服装中的视觉中心，不同大小、质地、颜色、数量的纽扣可以产生不同的装饰效果。服装工艺中的刺绣、扎染、印花等在服装设计中同样具有点的效果，其大小、比例、配色等也会对服装整体美产生一定的影响（图2-12~图2-14）。

二、线的设计

（一）线的定义

在服装造型中，线的表现形式与处于数学形态时不一样，是一种有面积、有深度的存在。线存在于点的移动轨迹，不同形状、不同颜色以及不同质感的线，渗透着设计师的情感，千姿百态的线的形式在服装中可产生丰富的视觉效果。

图2-12 纽扣的表现形式

图2-13 刺绣的表现形式　　　图2-14 立体花卉的表现形式

（二）线的形态

1.直线

直线是表示无限运动性的最简洁的形态，具有单纯、男性化、硬朗的形象。粗直线给人一种钝的、重的、坚强的视觉效果，细直线给人一种轻的、脆弱的感觉。在服装中，直线可分为水平线、垂直线、斜线和折线等几种表现形式。

（1）水平线

水平线给人以广阔的、稳定的感觉，具有"静"的状态，能够产生横向的扩张感。在服装造型中，常用水平线来强调硬朗、稳重的风格，如在肩部附近进行水平线设计，强调了肩宽，使整体造型呈现T字形，给人以威严感（图2-15、图2-16）。

图2-15　水平线呈现横向扩张感　　　　　图2-16　肩部水平线强调肩宽

（2）垂直线

垂直线呈现纵向的动感，具有拉伸、挺拔的特点，在服装中常运用垂直线增加修长的感觉，如衣服上纵向的条纹、纽扣，裤子上的烫迹线等，都强调上下的视觉延伸感（图2-17）。

图2-17　垂直线强调视觉延伸感和纵向动感

（3）斜线

斜线相较于水平线和垂直线两种线条，具有倾斜、不安定感，在服装中应用斜线能增加轻松活泼的视觉感受（图2-18）。

（4）折线

折线具有尖锐、锋利及不稳定感，较水平线、垂直线和斜线更有张力，形成向下的视觉引导，是一种指示性较强的视觉表现，在服装中应用折线能起到强调边界夸张的效果（图2-19）。

图2-18　服装中的斜线设计

图2-19　服装中折线的应用

2.曲线

曲线是点做弯曲移动时形成的轨迹，具有起伏变化、蜿蜒曲折的特征，呈现温柔、优雅、甜美的视觉感受，在童装和女装中多运用曲线的造型设计（图2-20、图2-21）。曲线分为几何曲线和自由曲线。几何曲线是指有规律的、在一定条件下呈现的曲线，如椭圆、抛物线等形态，在服装中常用于底边、裙摆等处，给人以柔美优雅的感觉。自由曲线和几何曲线相比，没有规律，没有明确走向，可体现随意自由的个性，在服装中使用自由曲线，可呈现热烈奔放的效果（图2-22）。

图2-20　女装中的曲线设计

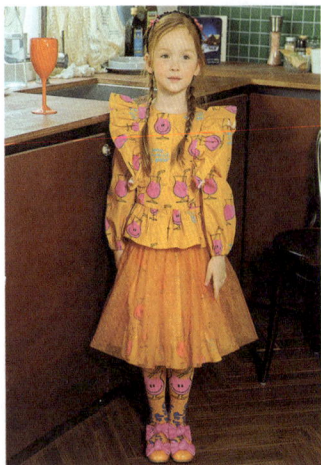

图2-21　童装中的曲线设计　　　　　　　　　　　　　图2-22　服装中自由曲线的设计

（三）线在服装设计中的表现

1.结构线

服装中的结构线包括省道线、褶皱线、分割线、廓型线等，这些线条顺应人体曲面，既起到修饰美化的作用，又起到形式美的装饰作用，既满足服装的机能需要，又形成立体美感（图2-23～图2-26）。

图2-23　服装中的省道线　图2-24　服装中的褶皱线　图2-25　服装中的分割线　图2-26　服装中的廓型线

2.装饰线

装饰线在服装中的表现形式大致有两种：一种是拉链、绳带、牵条、流苏、串珠等，另一种以印染、织染图案的形式出现，这两种形式的装饰线有着各自不同的装饰功能，可丰富服装造型，增强美感（图2-27～图2-30）。

图2-27 装饰线中拉链设计

图2-28 装饰线中绳带设计

图2-29 装饰线中牵条设计

图2-30 装饰线中流苏设计

三、面的设计

（一）面的定义

　　线的运动轨迹构成了面，是立体的界限。造型设计中的面有一定的长度、宽度、厚度及位置。服装中的面通过色彩、衣片、图案等块面表现。由于面存在于立体物表面，因此，所谓立体物的单纯化，就是面的表面化。

（二）面的形态

面有平面和曲面两种基本形态。曲面是由曲线的弧线运动形成的，可分为规整曲面和不规整曲面。平面是由直线的平直移动形成的，可分为规整平面和不规整平面。

1.规整的面

规整的面指有规律的几何曲线形成的面，包括正方形、三角形、多边形、圆形等。不同的规整的面呈现的视觉效果不同，如正方形稳定、宽厚，三角形尖锐、修长，倒置的三角形富有张力，呈现不稳定感。这些面形态为服装带来了千变万化的造型。

2.不规整的面

不规整的面分为两种，直线构成的不规整的面和曲线构成的不规整的面。不规整的面在服装造型中的表现以图案和装饰为主。

（三）面在服装设计中的表现

服装造型中的面以不同形式排列组合，使服装具有虚实变化的空间层次感。由不同面积、形状、色彩和材质的衣片进行组合构成的面，产生丰富的、富有层次变化的韵律感。

1.衣片设计中面的应用

服装由大小不同、形状不同的衣片组成，这些衣片就是一个个的面，将这些面进行缝合，就形成了立体的服装（图2-31）。

图2-31　衣片设计中面的应用

2.色彩设计中面的应用

服装衣片中不同色彩的面的搭配和拼缝，使面的感觉较强烈，具有层次感和韵律感。不同色彩和材质的衣片搭配拼接后块面感更强（图2-32、图2-33）。

3.图案设计中面的应用

服装中经常会用到大面积的装饰图案，这些装饰图案在色彩、质地上的变化增加了服装的层次感，形成视觉中心（图2-34）。

图2-32 不同色彩面的拼缝设计

图2-33 不同色彩和材质组成的块面

图2-34 图案设计中面的应用

4.装饰设计中面的应用

服饰品中的丝巾、帽子、包袋等块面感明显，有较强的装饰效果，可烘托和补充整体服装造型设计（图2-35）。

5.面料设计中面的应用

不同材质、不同造型、不同面积的面料拼接在一起，突出了块面感，局部面料的二次再造及面料上大面积缝缀的创意设计，能够使服装造型的视觉效果更加丰富（图2-36～图2-38）。

图2-35　装饰设计中面的应用

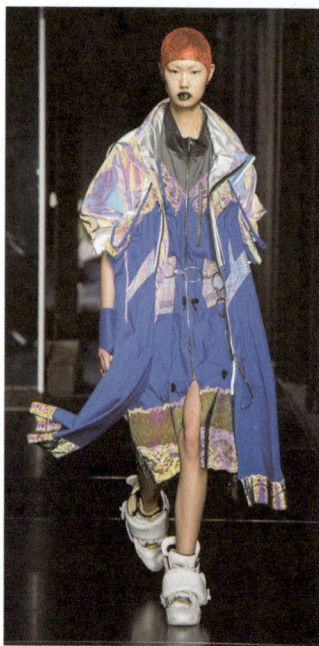

图2-36　多材质组合突出块面感　　图2-37　不同质感的面料组合形成　图2-38　不同材质组合形成的层次感
　　　　　　　　　　　　　　　　　　　　丰富的视觉效果

四、体的设计

（一）体的定义

造型设计中的体有一定的广度和深度，在服装上的表现即有质感、有色彩。服装设计中体的造型不仅包括服装衣身的体感，还包括局部处理后形成的凹凸感。体的造型在服装上易产生重量感、温暖感，也会产生突兀感（图2-39）。

图2-39 体的设计

（二）体在服装设计中的表现

对实用功能较强的服装来说，体积感并不非常明显，但对创意服装、舞台服装、华丽繁复的晚礼服来说，体的造型则表现突出。夸张的造型、重叠的缀饰、变化的褶皱都使服装产生强烈的体积感。有时为了强调服装的个别部位，夸张体积感，创造出前卫硬朗的风格，对工艺要求也较高，往往需要通过立体裁剪完成（图2-40、图2-41）。

图2-40 造型饱满的立体设计

图2-41 立体裁剪形成的体的设计

第二节 ｜ 服装造型设计构成规律

服装造型设计的构成规律是设计原理中不可或缺的一部分，相同的材质按照不同的规律组合，经过不同的设计，能形成不同风格、不同视觉外观的作品。

一、反复与交替

服装设计中某个造型元素出现两次及以上，称为反复。反复既要使各要素保持一定的联系，又要注意要素间的距离。反复的设计整齐、有规律，能产生安定感。成组的反复被称为交替，反复和交替是设计中常用的表现方法（图2-42、图2-43）。在服装上，同形同质的形态因素在不同部位反复出现，会使画面缺少变化

图2-42　反复的表现方法　　　图2-43　交替的表现方法

而产生单调感；同质异形或异质同形的要素反复出现，会使画面富于变化，并产生一定的秩序感和统一感。需要注意的是，如果不能把握造型元素反复运用的设计技巧，过多地使用形与质相差较大的形态要素和色彩要素，有可能造成整套服装不协调或某种形态、色彩孤立存在，使整个设计失去重点，没有中心。

二、节奏与韵律

节奏原指音乐中长短不一的音符组合，指音在时间上的长与短、程度上的强与弱、分量上的轻与重的变化秩序。

在服装设计中，节奏指构成因素的大与小、多与少、强与弱、轻与重、虚与实、长与短、曲与直等有秩序的变化，也就是指一定单位的有规律的重复或形体运动的分节。韵律是指由不同元素组合而成的统一律动，是基本单位的多次反复，既有内在秩序，又有多样性。

在服装造型中，同样的形态元素在不同部位反复出现，形成强弱变化的节奏，如裙子上

装饰的波浪褶、蝴蝶结等产生了跃动的节奏感。节奏分成等级性节奏和分割性节奏，前者的形式要素在重复时按一定的比例呈现，在视觉上有较强的引导作用，后者以结构性或装饰性分割线的间隔，呈现密集或疏散、递增或递减，形成节奏与韵律。将单位重复的相同形状进行等距排列，如二方连续、四方连续、循环排列、放射排列等，可以产生律动感。将单位渐变节奏进行一定的排列，如形状的渐大渐小、位置的渐高渐低、色彩的渐明渐暗、距离的渐远渐近等，使基本单位形成运动轨迹，产生连续的动感。

韵律与节奏已渗透到服装设计的每个方面，能强化设计的感染力和表现力（图2-44～图2-46）。

图2-44 等级性节奏

图2-45 分割性节奏　　图2-46 强化节奏与韵律的设计

三、对比与调和

对比是一种变化，当量与质相反或相异的要素排列在一起时，就形成对比。例如，色彩的明暗、形状和质感的差异等，通过相互之间的差异增加各自的特性，使两者的相异更加突出，产生强烈的视觉刺激；直线与曲线、粗与细、大与小等极端的组合，就比单独存在时更强调各自的特性。但需要注意的是，如果对比用得太多，变化过于强烈，就会缺乏统一，削弱设计意图的表现和效果，所以一定要在统一的前提下追求对比的变化，要充分把握支配与从属的关系。冲突、残破、怪诞等不和谐的审美也是当今时尚潮流的一个分支，通过不同色彩、质地和肌理的组合产生鲜明生动的效果，并在整体造型中形成焦点。对比能造成强烈的感官刺激，形成趣味中心，产生较强的张力。

调和区别于和谐，它是指由相近或相同的元素有机组合，在相互关系上呈现较明显的一致性。在色彩上，相似或相近的色彩配合是调和的形式；在造型上，相近或相似的线条、结构、形体有规律地组合，也属于调和的形式；在选材上，相近或相似的质地、纹理、手感组合同样是调和的形式。

对比相对调和而言，是以相异、相反的因素组合，将其对立面十分突出地表现出来，以呈现强烈、夸张、层次分明的效果。对比的手法在服装设计中应用较普遍，但需要考虑适度的问题。对比方式包含色彩中黑白对比、补色对比，造型上直线与曲线对比、块面大小对比，材料中柔软与坚硬对比、细腻与粗糙对比等（图2-47～图2-50）。如果过分强调对比，可能会造成极端而失去美感。在设计中，对比的尺度可从弱对比渐渐地过渡到强对比，而最终目的是达到调和。两者是一对矛盾的统一体，但又是可以互相转化的。

在服装设计过程中，还可采取多种对比和调和的手法，如明暗的对比、调和，大小长短

图2-47　补色对比

的对比、调和，粗细的对比、调和，材质的对比、调和等。通过各种对比、调和手法，呈现主题突出、层次丰富、美观实用的效果。

图2-48 不同形态产生的视觉对比变化

图2-49 不同材质产生的对比冲突

图2-50 由相近或相同的元素有机组合形成的调和

四、均衡与对称

对称是指物体或图形在某种变换条件下，其相同部分间有规律地重复。相对而言，人体是左右对称的，因此服装的基本形态以左右对称的款式居多。左右对称呈现出庄重、严肃、神圣的美，但同时略显拘谨呆板。在服装造型中可以通过减法，打破左右块面的完整性，使服装呈现灵动与活泼（图2-51）。

图2-51　通过减法打破左右对称的完整性

与对称的形态相对的是非对称形态，为了克服呆板拘谨的视觉感受，创造自由的气氛，可以通过非对称的切割线、口袋、领子及装饰物等，表现动感和变化（图2-52～图2-54）。

均衡是均齐平衡，在服装造型中，假设有一个视觉中心，在这个视觉中心两边的分量相近则可达到均衡。例如，体积的大小、色彩的浓淡、造型的动静等均可形成视觉上的平衡感。如果按照杠杆平衡的原理，支点两边分量相近则可取得均衡。

均衡与对称都不是平均，它是一种合乎逻辑的比例关系。平均虽然稳定，但缺少变化，没有变化就没有美感，而对称的稳定感特别强，形成庄严、肃穆、和谐的感觉，但容易僵硬呆板。均衡的变化比对称要大得多，是两个以上的要素之间构成的均势状态，强化事物的整

图2-52　不对称分割设计　　　　图2-53　不对称领子设计　　　　图2-54　不对称表现动感与变化

体统一性和稳定感，通过两侧不同质和量的分布形成均衡，带来生动活泼的动态美（图2-55）。

两个以上的要素相互取得均衡的状态称为平衡。在力学上平衡是指重量的关系，但在设计中则指感觉上的大小、轻重、明暗及质感等的均衡状态。

平衡可分为正平衡和非正平衡。前者有一种安定的、静的感觉，后者有一种不安定的、动的感觉。具体到服装上，有上下左右前后平衡的正平衡，也有非正平衡的样式，如16世纪男子上重下轻的装束，19世纪末巴斯尔样式等（图2-56、图2-57）。在现代流行服装中设计师采用非正平衡形态，打破过去那种平稳的古典式审美。对称能产生均衡感，均衡与对称不是同一个概念，但两者具有内在的同一性，即稳定。稳定感是人

图2-55 均衡带来的动态美

图2-56 16世纪男子上重下轻的装束　图2-57 19世纪末巴斯尔样式

类在长期观察自然中形成的一种视觉习惯和审美观念。因此，符合这种审美观念的造型艺术才能产生美感，违背这个原则的看起来就不舒服。

五、变化与统一

我们常会看到一些设计作品过度使用互不相干的元素，使整个设计处于一种分离的状态，这样非但不能达到美，反而会在人们心理上造成杂乱感。相反，过于强调统一，也会使人感到单调乏味，所以变化和统一需要恰当地运用，在统一的前提下求变化，在整体的秩序

上形成多样的统一。

变化是由运动造成新形式的层次呈现，将两级对立的要素通过变化组合在一起，形成丰富的视觉感知。服装是由点、线、面、颜色和质感等多种元素有机组合的整体，往往这种多样性的变化统一不容易准确地把握。

变化是寻找各部分之间的差异、区别，统一是寻求其内在的联系。没有变化则单调乏味、缺少生命力；没有统一，则会显得杂乱无章、缺乏和谐。变化是一种智慧想象的表现，是强调因素的差异性。统一是一种手段，目的是达成和谐，通过对各部分的整理，使整体具有某种秩序而产生一致的美。在设计时，整体的式样、外形的创造、上下衣的关系、色彩、材料、装饰、配件等各部分之间，需要保持有机的联系，避免相互孤立存在。一般有两种方法，一种是在整体的统一中加入部分的变化，另一种是把每个有变化的部分组合起来，寻求共同点构成某种新的秩序，达到统一（图2-58、图2-59）。

图2-58　整体统一中加入部分变化

图2-59　将变化的部分组合起来寻求统一

第三节 ｜ 服装造型设计思维形式及灵感来源

一、设计思维形式

设计思维指的是进行设计时的构思方式，设计思维的形式有很多种类，最常用的有以下几种。

（一）正向思维

正向思维是设计中最常用的思维方式，在服装设计中的表现是比较直观地按一定的模式表现设计内容。例如，进行礼服设计，就会在脑海中考虑丝绸材质、礼服造型等；进行职业套装设计，就会立刻想到职业装造型特征、常用面料及色彩等；进行男装设计，就会将棱角分明、刚劲有力的外部廓型与之联系起来等。

（二）逆向思维

逆向思维是打破传统思维定式、传统视觉习惯，进行逆向思考。在服装中运用逆向思维进行的设计，如服装非对称、非完整性设计，男装女性化，内衣外穿，结构的前后更换，缝线外露等，都属于逆向设计思维。逆向思维比正向思维更深刻且有一定的难度，合理运用逆向思维，可以将设计思路从习惯和固有的模式引向反面，是一种打破常规的思维方法。

（三）联想思维

联想思维是从宇宙间任何事物景象中激发设计灵感，运用丰富的想象力和创造性思维，通过联想、组构、物化等艺术手段进行艺术构思。古希腊的亚里士多德将联想归纳为相似联想、对比联想、接近联想三种类型。

相似联想是指由某种相似经验引起的某种倾向性思维，表现在设计中就是不同设计或组成设计的各部分具有相似的特征。例如，想到流水，在设计中可能就会想到流水的运动；想到夜空，就会想到星星在天空闪烁的意境。

对比联想是指由某种经验产生与之完全相反的联想，在设计中表现为完全相反的表达方式。例如，在设计中运用对比色，或将风格细腻的丝绸与粗犷的皮毛对比运用等。

接近联想是指由某一经验联想到与之相关的事物，与相似联想不同的是，接近联想的事物不具有共同特征。例如，在设计中由花朵想到花篮造型的运用，看到小鸟就会想到鸟巢造型的运用等。

（四）非理性思维

非理性思维是故意打破思维的合理性，从不合理中寻找灵感，再从中整理出比较合理的部分。非理性思维将许多非常规设计进行组合创新，从而改变事物原有的形象，创造出新奇的意境。例如，用非理性思维进行设计，将衣袖置于前衣片，或者将腰头置于裙摆处，形成某种叛逆、前卫风格的创意服装等（图2-60、图2-61）。

图2-60 衣袖置于前衣片的非理性思维设计

图2-61 腰头置于裙摆处的创意设计

二、灵感来源

服装是以生活为源泉进行创作的一门艺术。设计师在创作构思时，一方面要体现对自然及社会生活的理解，另一方面要体现其鲜明的艺术风格。设计师围绕现实生活汲取灵感，受外界环境激发而获得创意。可以说，创意是一种经验积累在瞬间释放的思维过程，能体现设计师的天赋和能力。设计师除了需要具有较强的艺术修养和丰富的社会实践，其对时装相关信息的收集和积累也是十分必要的。这些信息主要来源于仿生学的启示、姊妹艺术的启示、科学技术的启迪等三个方面。

（一）仿生学的启示

人类模仿生物的造型或机能进行的科学创造，即为仿生学。服装设计中仿生应用形式是设计师选择相应的材料和设计手法，来模仿自然界中某种物态特征，通过对其进行创意转换和艺术加工，达到与生物形态之间的一种结合。例如，模仿喇叭花的喇叭裙、模仿金鱼的鱼尾裙等都是仿生设计的表现。近年来，由于工业污染和生态环境遭受破坏，人们的环保意识和对大自然的眷恋越发明显，渴望通过重塑自然物态来表达内心情感，表现在服装中即出现了"返璞归真、回归自然"等设计热潮，并逐步成为时尚主流的一部分。

1.造型方面

自然界中的动植物、社会生活中的建筑物等都是服装造型设计借鉴的对象，通过对自然生态和社会生活中事物的模仿汲取设计灵感。德尔波佐（Delpozo）品牌设计师杰西·德尔波佐（Jesus Delpozo）擅长以充满建筑体量感的廓型，精致的裁剪和雕塑般流畅的线条体现设计师独特的艺术风格（图2-62）。设计师云惟俊（Robert Wun）以独特的视角从科幻小说和自然世界中汲取灵感，用新的服装边缘来塑造当代女性。2020/2021秋冬高级发布中，设计师用其标志性的兰花与波浪造型融入建筑语言，塑造未来感的优雅女性（图2-63）。

图2-62 Delpozo建筑体量感的廓型

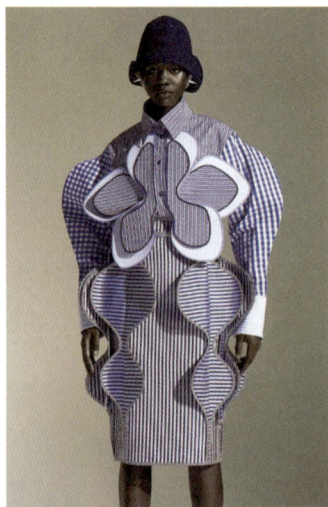

图2-63 Robert Wun 2020/2021秋冬高级发布

2.色彩方面

自然界美丽的色彩是服装色彩借鉴的直接来源，如四季变化、山川湖海、各种动植物等，这些自然色彩均被设计师用于服装创作中，表达了人们对大自然美的追求。近几年来，在巴黎、米兰等地的高级时装发布中，可以看到大量自然界色彩被运用于服装设计中（图2-64）。

图2-64 运用于服装设计的大自然界色彩

高田贤三（KENZO）品牌结合了东方文化的传统意蕴、西方文化的热情开放，提取自然风光、缤纷世界中各种元素，向人们展现其多彩的服装作品。鲜丽明净的色彩、写实唯美的花卉、强烈大胆的对比手法，表达了浪漫唯美的品牌内涵（图2-65）。

图2-65 KENZO品牌中花卉图案的设计

另外，一些著名画家的作品，也给设计师带来了无穷的创作动力，如设计大师伊夫·圣·洛朗（Yves Saint Laurent）曾在他的一系列艺术时装中，运用蒙德里安、凡·高等艺术家的色彩构成，运用多种自然色彩进行创作（图2-66）。

图2-66 运用蒙德里安、凡·高绘画色彩的设计

3.材料方面

服装材料是服装的载体，设计师通常利用各种材料的质地、触感、可塑性、悬垂性、功能性以及图案肌理等特点进行仿生设计，如仿真丝、仿毛、仿树皮肌理、仿裘皮、仿动物纹样等。日本著名时装大师三宅一生，将现代新型材料和肌理效应与传统服装结合是他一贯的创作特色，他擅长使用的素材是自然纤维织物的棉、麻、绢、竹等，从贝壳、海草、石头、树皮、水果、天空、气体等事物中寻找灵感来源，并遵循这些自然物质的条理和纹路，大胆突破传统，塑造新的服饰形象（图2-67）。

图2-67 日本著名时装大师三宅一生褶皱设计

近几年来，特殊的印染方法频繁运用于服装设计中，如化学印染、提花、压花等手法，都可以表现各种各样的自然界的肌理效果。另外，除了各种珍珠、玛瑙、宝石外，还有贝壳、麻绳、花草、木料、石头、羽毛、皮革等，设计师以其新奇的手法对上述材料进行艺术处理，最后与配饰一起进行整体造型设计，给大众带来新颖独特的"衣"体验（图2-68）。

图2-68 面料材质的艺术处理

（二）姊妹艺术的启示

众多艺术种类之间有较多触类旁通之处，如舞蹈中的节奏与韵律、绘画中的线条与色块、摄影中的光影与色调等，都为服装创作提供了无穷的灵感。因此，绘画、建筑、雕塑、音乐、诗歌、戏剧、电影、舞蹈、文学及民族艺术等姊妹艺术都为服装设计提供了源源不断的创作灵感。西方许多时装设计师从东方民族服饰、原始图腾等方面寻求创作灵感，在借鉴和吸收不同文化、不同民族元素的基础上创作出具有现代审美的作品。近几年，在服装设计领域中，姊妹艺术里中国传统文化及民间艺术颇受设计师们的青睐，如传统纹样、色彩及传统服饰制作的镶、滚、绣、盘扣等技艺，不断被国内外著名设计师所借鉴运用。更值得注意的是，近几年来许多设计师不断借鉴少数民族服饰艺术，如藏族服装、苗族服装及其他少数民族服饰等。另外，中国民间服饰艺术中特有的挑花、补花、抽纱、刺绣及手工印染等多种装饰工艺，也被广泛地运用到服装设计中（图2-69、图2-70）。

图2-69 阿玛尼高级女装中国传统元素的应用

图2-70 传统蜡染技艺的现代传承

（三）科学技术的启迪

随着高科技时代的到来，新技术为服装设计师提供实现更多新奇创作的可能性。特别是以纳米科技、生物科技、信息科技为主导的新时代的到来，给服装设计师带来了广阔的设计空间。在设计构思中，主要体现在以服装形式来表现科技成果，即以科技成果为题材，反映当代社会的进步。利用科技成果、新颖的高科技服装面料和加工技术，为多元化服装设计拓展新路径。擅长使用3D打印技术及生物材质的设计师艾里斯·范·荷本（Iris van Herpen），以传统手工艺与新型工业技术相结合的方式探寻并拓展时装设计的边界、打破空间的界限，将生物特性与科技相结合，让观众从设计中嗅到科技的踪迹，感受惊艳与震撼（图2-71）。伦敦艺术家劳伦·鲍克（Lauren Bowker）带领她的材料开发工作室The Unseen（未见其形）发明了一种可以根据周身气流的不同波动而改变颜色的风感墨水。这项技术将生物化学技术手段集成到衣服材料上，随着空气压力的变化，其RGB值也会变化（图2-72）。

图2-71　Iris van Herpen 3D打印高级成衣发布　图2-72　Lauren Bowker高科技面料展示

第四节 ｜ 服装造型设计方法

服装造型设计是以突出款式为主的设计。依据空间造型要求不一，其程度也不一样，有大、有小，有平面、有立体，有夸张、有平实等。服装造型以人体为基型，在不考虑面料色彩和材质特点的情况下，单纯从造型出发，通过不同比例和形状的搭配，形成含义丰富的节奏感。服装造型设计主要有以下两大类。

一、基本造型

基本造型是从造型本身出发，利用造型组合、重构等形式，创造新的造型，其主要特点表现为对原有物态形式的改造（图2-73）。

（一）象形法

象形法是进行服装造型设计的基本方法之一，是将现实形态中最显著的特征概括提取，依据设计需要对形态进行缩小、放大、变形、夸张等处理进行的造型设计（图2-74）。

图2-73　基本造型法

图2-74　象形法

（二）并置法

并置法是将某一形态元素并列放置于设计中的方法。运用并置法，形态元素并不是互相重叠的，而是依据形式美法则，创造灵活多变的造型（图2-75）。

（三）叠加法

叠加法是将某种造型做重叠处理。运用厚重的面料进行叠加设计，呈现清晰的层次感和较饱满的造型轮廓；运用轻盈薄透的面料进行叠加设计，能够形成较强的层次分明的节奏（图2-76）。

二、特定造型

（一）披挂

披挂是最基本、最原始的服装造型方法，随着时代的发展，披挂的形态也越来越丰富。披挂的造型设计可以理解为受重力影响，布料自然垂坠，产生特有的形态，其本质在于支点的设置（图2-77）。

（二）折叠

折叠可以理解为"折"与"叠"的相互作用，在服装造型中应用较早，由最初较简单、单一的折叠，逐步通过增加变化、有序与无序的组合，形成

图2-75　并置法

图2-76　叠加法

图2-77　披挂法

现在较复杂的造型设计。"折"是翻转的一种，"叠"是叠加在物体之上，折叠是一种连续、重复的动作，一方面能构造肌理，另一方面能从结构方面进行造型创造，形成完整的服装造型概念（图2-78）。

（三）分割

分割法是通过裁剪，消除面料的整体性、丰富服装造型的方法。主要包括两种方式：一种是分而不割，另一种是既分又割。分而不割指的是沿着分割线进行分割，但不完全切断，局部保持连接的状态。既分又割指的是沿着分割线完全切断，使其从整体中独立出来。通过分割进行造型设计，可以带来更多的结构性、装饰性与功能性，能够摆脱人体固有的束缚，产生更多意想不到的空间效果（图2-79）。

（四）穿插

最初始的穿插形式是人们通过将布随意披在身体上交叉缠绕形成的，穿插是服装造型中较为重要的方法之一。穿插实现了空间的互通多变，将服装两个或多个结构联系起来。穿插与分割不同，是将局部集合形成相互关联的整体，较好地塑造整体性。通过在面与体的基础上，加入扭转、旋转、翻折等形式，形成多元的、丰富的空间层次。穿插强调加入、参与的动作形成力的平衡，能够使服装造型形成矛盾美与视错美（图2-80）。

图2-78 折叠法

图2-79 分割法

图2-80 穿插法

○ 思考题

1. 结合案例，分析说明服装造型的方法。

2. 选用多种几何形态进行组合延伸设计，要求完成系列（10套）服装设计。

第三章

服装廓型设计

PART 3

课题名称 | 服装廓型设计

课题内容 | 服装廓型的定义及分类
决定服装廓型变化的主要部位
服装廓型设计方法

课题时间 | 8课时

教学目的 | 通过对服装廓型的定义、分类、影响廓型变化的主要部位及廓型设计方法
的介绍，使学生了解服装廓型时代变迁的背景，掌握服装廓型的设计方法。

教学重点 | 1. 使学生了解服装廓型变化与时代审美息息相关

2. 服装外廓型的创意设计在英文字母、几何形体或非定型形态的基础上进
行延伸设计。

3. 服装内廓型的创意设计主要从内部结构或内部部件的角度进行变化设计。

第一节 | 服装廓型的定义及分类

一、服装廓型的定义

服装廓型也可以理解为服装外轮廓线，指服装穿于人体后的外在形状，是构成、界定服装边缘的线条，决定服装款式构成的基本风格和时代风貌。

美国美学家鲁道夫·阿恩海姆（Rudolf Arnheim）在其著名的《艺术与视知觉》中精辟地提到："三维物体的边界是由二维的面围绕构成的，而二维的面又是由一维的线围绕而成的。对于物体的这些外部边界，感官能够毫不费力地把握到。"服装作为直观形象，呈现在人们视野里的首先是剪影般的轮廓特征，通过设计服装廓型不仅能够直接展示服装款式特点，还能体现服装造型创意。纵观中外服装发展史，服装廓型的更迭都伴随着时代的变迁，不同的服装廓型反映了不同年代的文化流行趋势、审美理想和人体审美部位的变化，也间接地反映了当时的社会经济、科技等发展状况（图3-1）。

图3-1 20世纪西方女装廓型变化

二、20世纪西方女性服装廓型的时代变迁

（一）20世纪20年代西方女装廓型

19世纪末20世纪初，对于大多数女性来说需要通过穿着紧身胸衣获得理想的身材，即S形或沙漏形的身体轮廓。日装一般是连衣裙或者是上下两件分离式衣裙，服装廓型几乎是统一的S形传统样貌，服装设计的中心是追求类同而不是变化和个性，由于紧身胸衣的束缚，而形成纤细的腰部、高耸的胸部、突出的臀部、平坦的小腹、庞大的裙裾及复杂的装饰。随着法国设计师保罗·波列（Paul Poiret）消除女性紧身胸衣的设计（图3-2），女装廓型逐

图3-2 设计师保罗·波列设计的女装

步朝着轻松自然的趋势发展。第一次世界大战爆发，大量男子到前线作战，妇女填补了男子的工作空缺，越来越多的妇女习惯了制服和长裤，服装整体变得简单化和功能化。第一次世界大战结束，服装样式出现了不少新气象，如裙子变得短小宽松，似一个直筒状。20世纪20年代的时髦女性追求消瘦的身材，无论裙装还是上衣，大都采用吊带或套头的方式，较少采用纽扣、腰带来固定衣服，易于穿脱。最大的变化是不再凸显胸线和腰线，腰线下调至臀线附近，达到接近平坦的上半身效果，同时裙摆线逐渐上攀达膝盖附近，完美地展现出低腰的H廓型（图3-3）。

图3-3 20世纪20年代西方低腰线H廓型女装设计

（二）20世纪30年代西方女装廓型

20世纪30年代与20世纪20年代不同，当时的女性逐渐厌倦了20世纪20年代男孩式服装，女性服装潮流又转向了优雅的女性化风格，重新恢复到强调女性娇柔妩媚和雅致。这一时期女套装和上衣流行紧凑合身、腰部纤细，廓型上追求苗条修长的样式，但是腰线回到腰的位置，配以腰带。上衣的翻领通常比较宽大，蓬松的袖子及领口处大大的蝴蝶结设计显得腰部更加纤细。宽肩的外套，裁剪简洁、做工精致，强调了肩线和流线型轮廓（图3-4、图3-5）。

图3-4 20世纪30年代西方蓬松袖子及领口处大蝴蝶结女装设计

图3-5 20世纪30年代西方强调肩线的女装外套

（三）20世纪40年代西方女装廓型

第二次世界大战期间物资匮乏，服装以最能精简布料的设计为主，常常采用垫肩使得肩部呈现方形，套装上衣的衣摆长至臀线，无论是套装还是长外套都采用收腰设计或者在腰部系上腰带。第二次世界大战期间的服装廓型受军队制服的影响较大，更偏于男性的力量感，外轮廓分明，强调肩部的硬挺感，廓型大多为H廓型、T廓型。直至第二次世界大战结束，出现了时装设计的一次革命化的大逆转，设计师们大都舍弃了原先硬朗的造型线条，强调了女性在穿着上的雅致、妩媚、性感。1947年，迪奥推出的第一场高级时装秀，"New Look"造型给人们的生活注入了魔化般的色彩，宽大的裙摆摇曳蹁跹，纤细的腰身和丰润的胸部让女性深深陷入了对这种浪漫风格的迷恋之中（图3-6、图3-7）。

图3-6　战争期间受军队制服影响较大的女装廓型

图3-7　1947年迪奥推出的"New Look"造型

（四）20世纪50年代西方女装廓型

对于西方女性来说，20世纪50年代是一个充满"物质"感的年代，人人都希望更有女人味，由布料塑造的宽大体积感，不仅应用在裙装上，还被应用在外套中。如1955年纪梵希设计的外套，棕色毛料在后背处堆积，衣摆处用一个蝴蝶结将大量布料松松地束起来而不是将衣褶缝在一起。宽大的裙子、有体积感的外套把女装廓型又重新拉回到A廓型的传统面貌，如1952年由米歇尔·拉沙斯设计的缎面外套，带有刀式褶裥细节，面料沿着颈项美妙地延展开形成宽大的袍身，在袖口处收紧的宽大和服袖也成为一种时髦的款式（图3-8）。

图3-8　1952年米歇尔·拉沙斯设计的缎面外套

（五）20世纪60～70年代西方女装廓型

进入20世纪60年代的西方社会，经济有了很大的发展，消费产品丰裕，消费文化兴起。在新文化影响下，一切崇尚与以往不同，除了在思想上和意识形态上的解放，青年一代反权威、反传统，追求标新立异与众不同的设计，迷你裙成了当时青少年与传统服装告别的主要方式。玛丽·奎恩特（Mary Quant）掀起迷你裙风暴，开创了新时代时尚风潮，从简洁的学生装中汲取灵感，推出箱型的设计。20世纪60年代是一个实验的时代，人们为太空时代的到来而振奋，一切都带上了未来派特征。整个西方社会20世纪70年代的穿着打扮是为了实际的职业目的，随着越来越多的女性参与社会工作，"为成功而穿"成了她们的信条，因此在女装设计中，设计师将肩部加上厚垫肩，棱角分明。同时，反时装观念在这一时期流行，无论是廉价的成衣还是高级时装，长短随意，注重简朴和随意的风格，因此由美国发展起来的牛仔裤和牛仔装在20世纪70年代颇受欢迎，无性别特征的牛仔裤成为这个时期的人们选择的主要款式之一。由于这一时期还受到嬉皮风格服装的影响，以东方风格的罩衫搭配喇叭裤，廓型呈现修长型（图3-9～图3-12）。

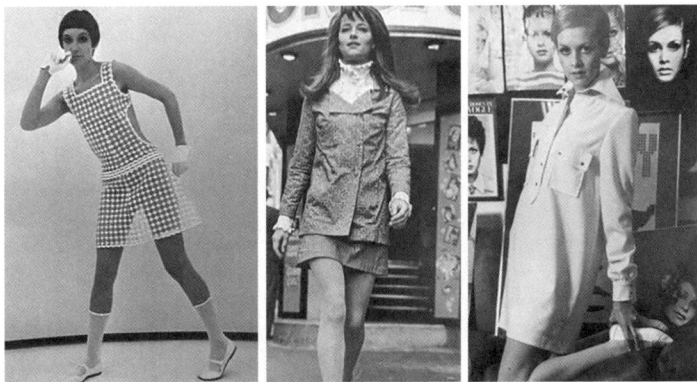

图3-9 20世纪70年代西方女装箱型迷你装设计

图3-10 20世纪70年代西方肩部加上厚垫肩的女装设计　　图3-11 20世纪70年代西方女装修长廓型　　图3-12 20世纪70年代嬉皮风格样貌女装设计

（六）20世纪80～90年代西方女装廓型

20世纪80年代是一个从20世纪60～70年代的动荡、反叛回归到平稳的时期。20世纪80年代人们重新回到讲究享受、讲究个人事业成功、讲究物质主义的生活状态。这一时期女性穿着的服装剪裁精致，从男装中借鉴垫肩的设计，显示出自己与男性一样的权威和力量。通常职业女性在大衣的里面穿着夹克和衬衫，夹克、衬衫及大衣都有垫肩，三层垫肩使整个服装呈现出T廓型。20世纪90年代是这个时代最后一个十年，科技日新月异，人们的生活节奏加快，美国的快餐文化席卷全球，不管是人们的日常生活还是工作都讲究方便快捷。这个时期的主流时尚是减少主义，遵循建筑大师路德维希·密斯·凡德罗"少即是多"的设计原则，时装越来越简约。20世纪90年代初期，女性服装以舒适流畅的H廓型为主，但到了20世纪90年代中后期，受20世纪40～50年代的高级时装样式影响，呈现沙漏形，流行强调腰部曲线的长裙。20世纪90年代末期，女装以线条流畅的A廓型、X廓型为主，样式呈现年轻化特征。总的来说，在全球化的影响下，受科技与多种文化的影响，服装廓型朝着多样性和多元化的趋势发展（图3-13、图3-14）。

　　综上所述，第一次世界大战与第二次世界大战期间，由于物资匮乏且大部分女性充当了生产的主力军，女装造型带有较明显的机能性与军装特征。战争结束后，法国设计师克里斯汀·迪奥（Christian Dior）推出的新造型——A字形外轮廓充分展示了女性的曲线美，突出了女性细腰宽臀的优美体型。20世纪50年代的巴黎接连不断地推出各种新造型，郁金香形、H廓型、A廓型、梯形等，引领西方时装界的发展。整个20世纪50年代，西方女装造型基本是在新样式所强调的女性美的影响下展开的，1953～1957年，迪奥推出了著名的郁金香形、埃菲尔铁塔形、H廓型、Y廓型、纺锤形等各种服装造型。迪奥以其超人的才华和敏锐的感觉整整引领了一个时代。时装流行最重要的特征在于廓型的变化，如20世纪50年代的帐篷形，60年代的酒杯形，70年代末80年代初的倒三角形，20世纪80年代末90年代初的长方形以及宽肩、低腰、圆滑的倒三角形，20世纪90年代的沙漏形等，可以看出款式演变的鲜明特点是服装外部廓型的改变，每一季时装廓型的变化，哪怕极为微妙，也能引导世界潮流使之朝新的方向发展。因此，时装设计师可以由廓型线的更迭变化，分析出服装演变发展的规律，进而预测未来的流行趋势（图3-15～图3-23）。

图3-13　20世纪80年代西方女装廓型

图3-14　20世纪90年代西方女装廓型

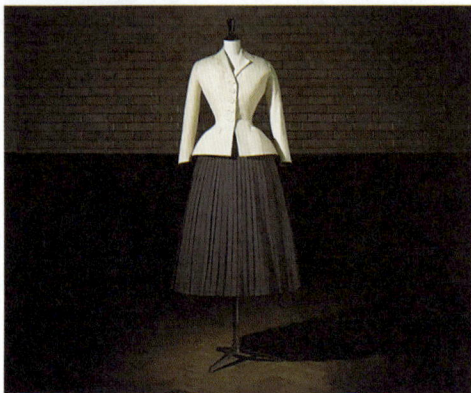

图3-15　20世纪50年代克里斯汀·迪奥推出的"New Look"造型

图3-16 20世纪50年代H廓型造型

图3-17 20世纪50年代皮尔·巴尔曼（Pierre Balmain）推出的Y廓型造型

图3-18 20世纪50年代帐篷形女装

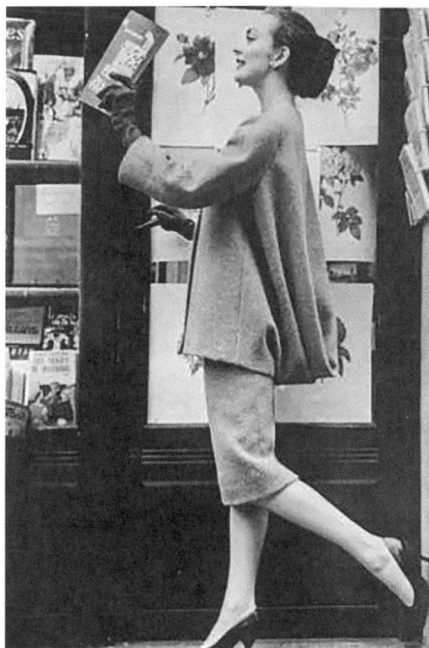

图3-19 20世纪60年代酒杯形女装

图3-20 20世纪70年代香奈儿经典H廓型套装

图3-21 20世纪80年代倒三角形女装造型　　　图3-22 20世纪80年代末圆　图3-23 20世纪90年代沙
润的倒三角形女装造型　　漏形女装造型

三、服装廓型的分类

（一）字母型

以英文大写字母命名的服装廓型包括A廓型、V廓型、T廓型、H廓型、O廓型、S廓型、X廓型、Y廓型等。用字母来命名服装廓型，直观易识。

（二）几何形状型

以几何形状命名的服装廓型，如长方形、正方形、梯形、三角形、球形等，这种分类方式整体感较为强烈、造型明确。

（三）具体事物型

以具体事物命名的服装廓型，如花苞形、沙漏形、钟形、酒杯形、帐篷形、纺锤形、陀螺形等，这种分类利于记忆、便于区分。

（四）几种主要服装廓型的特征

1.A廓型

A廓型上窄下宽，通过收缩肩部造型，夸大衣摆或裙摆，衣摆或裙摆呈散开状，似半开的扇子，形成上小下大的视觉效果，如同正三角形或梯形的外部轮廓。一般不加垫肩，具有优雅、俏丽、流动感强的特点，主要用于裙子、大衣、礼服的设计（图3-24、图3-25）。

图3-24　A廓型裙子、礼服设计

图3-25　A廓型外套大衣设计

2.H廓型

H廓型也称矩形、箱型，多为直线造型，肩部常用垫肩来强调平肩，胸部和腰部的松量较大，筒型下摆，或者搭配宽腿长裤，形成一种宽松修长又不失庄重的特点。H廓型类似长方形，特点是弱化胸、腰、臀三围之间的差异，H廓型的服装，胸、腰、臀、下摆几者间围度基本相同，多用于休闲装、大衣、直筒裙等设计，具有修长、端庄、简约、中性化、舒适等特点（图3-26）。

3.X廓型

X廓型通过收腰、夸张肩部和衣、裙的下摆，强调女性的自然形体曲线，类似倒三角形和正三角形的组合，或正梯形和倒梯形的组合，是具有女性外形特征的廓型。X廓型服装整体上下宽大、中间小，类似字母X的形状，强调胸部、臀部的丰满和腰部的纤细，夸张的衣摆装饰与设计，充分展示女性优美的曲线（图3-27、图3-28）。

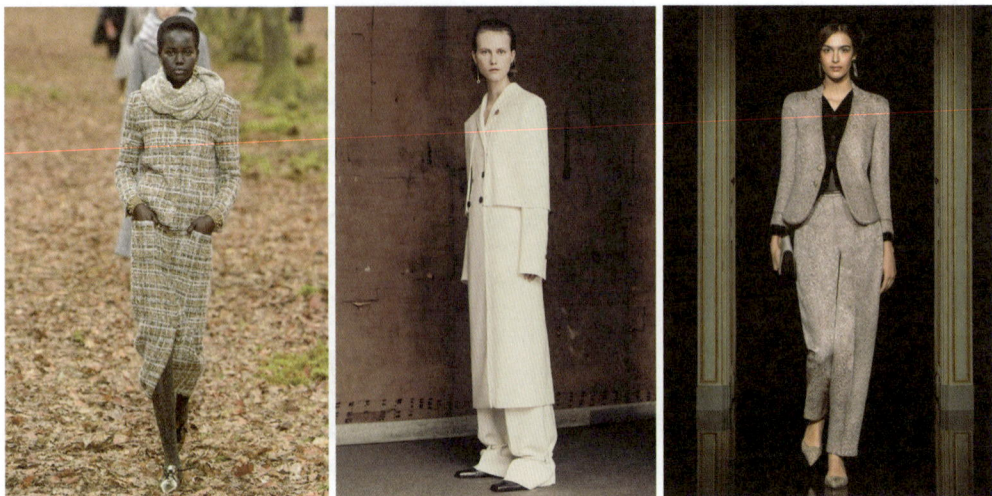

图3-26　H廓型服装

图3-27　X廓型礼服设计　图3-28　X廓型连衣裙设计

4.T廓型

T廓型类似倒梯形，通常使用垫肩或泡泡袖、灯笼袖设计强调肩部的夸张感，并由肩部往下以斜线的方式内收下摆，使外形向上及两侧伸展，构成倒圆锥形态，形成上宽下窄的效果。T廓型着重表现肩部、袖部的造型，具有洒脱、阳刚、坚强等男性化特点（图3-29、图3-30）。

图3-29　T廓型外套设计

图3-30 突出夸张肩部的T廓型设计

5.O廓型

O廓型是一种类似椭圆形，外部轮廓像字母O的服装廓型，肩部圆润，下摆收缩。O廓型常应用于大衣、裙子的设计，外套通常采用圆领、落肩式设计，肩线与袖子呈现完美弧度，腰部松量放大，底摆逐渐向内收拢，形成两头小、中间大的蚕茧式的造型。O廓型整体具有柔和、可爱、童真、有趣等特点（图3-31）。

图3-31 O廓型服装

第二节 ｜ 决定服装廓型变化的主要部位

服装廓型的变化不是盲目的，而应依据人体的形态结构进行新颖大胆、优美适体的设计。服装的廓型变化离不开支撑服装的几个部位，即肩、腰、臀、底摆。

一、肩部

肩部是服装造型中受限较多的部位，基本都是依附肩部的形态略作变化而产生新的视觉效果，通常不会有较大的改变。因此在服装廓型设计中，不论服装廓型如何变化，肩部的平坦或翘耸，其变化幅度远不如腰部和底摆丰富。20世纪80年代流行的阿玛尼式的宽肩，夸大的肩部外形线给一向优雅秀丽的女装平添了几分阳刚之气。相反，若肩部造型圆润柔和，则更凸显女性娇柔温婉的气质（图3-32、图3-33）。

图3-32　宽肩设计凸显阳刚之气

图3-33　圆润的肩部设计凸显女性温婉秀丽

二、腰部

腰部在服装廓型设计中变化较丰富，腰围松紧、腰线高低的变化，对改变服装廓型的作用较大。在女装设计中，如果将腰部收紧，就会形成X造型，能较好地展示女性的身体曲线，显得窈窕、纤细。如果将腰部变成宽松的设计，则会形成H造型，呈现简洁、自由、轻松的特征。在服装发展过程中，束腰与松腰这两种形式常交替变化，而每一次的变化都给服装带来不同的新鲜感。除了腰部的松紧变化，腰节位置的变化也能够形成廓型的改变，如由于腰节线的高低形成了高腰、中腰和低腰的设计。由于腰节线位置的不同，改变了服装上下长度比例，从而形成不同的形态和风格（图3-34）。

图3-34 腰部变化产生设计的不同

三、臀部

臀围线的变化对服装廓型的影响也较大，臀围线与人体臀部贴合的松与紧，能够使服装产生多样的外轮廓造型。例如，早期西方宫廷贵族的女裙，以裙箍或鲸骨圈等将臀部撑大，与纤细的腰肢形成强烈的对比，产生一种炫耀性的装饰效果。19世纪，西方女性服装中出现巴斯尔样式，其在裙内加上使臀部隆起的臀垫，以撑起女子身体的后臀而改变裙子的廓型，从侧面看呈现较为明显的S曲线（图3-35、图3-36）。

图3-35 臀围线与人体臀部贴合的松与紧形成不同的服装廓型　　图3-36 巴斯尔裙

四、底摆

衣服的衣摆、裙子的裙摆及裤脚口的长短变化等都会直接影响服装的比例，对改变服装的廓型也有较重要的影响。除此之外，底边线的形态也非常丰富，直线、曲线、折线、对称、不对称、平行、不平行等，都会使服装廓型发生变化，呈现多种风格（图3-37）。

图3-37 不同底摆造型形成不同的服装廓型

第三节 | 服装廓型设计方法

一、几何图形组合法

几何图形组合法是指直接利用简单的几何图形进行组合与变化得到所需的服装廓型。可以通过将简单的几何图形，如圆形、椭圆形、正方形、长方形、三角形、梯形等拼合成符合设计意图的轮廓造型。也可以通过将已有的原型服装分解成几何图形，变化后再进行组合，形成新廓型（图3-38）。

图3-38　几何图形组合法服装廓型

二、直接塑型法

直接塑型法是指将布料在人体模特或人台上直接造型得到预想的服装廓型。直接塑型法通过将布料披挂在人体或人台上，用大头针进行别合，边设计、边观察、边塑型、边整理，边修改，达到所需的廓型（图3-39）。

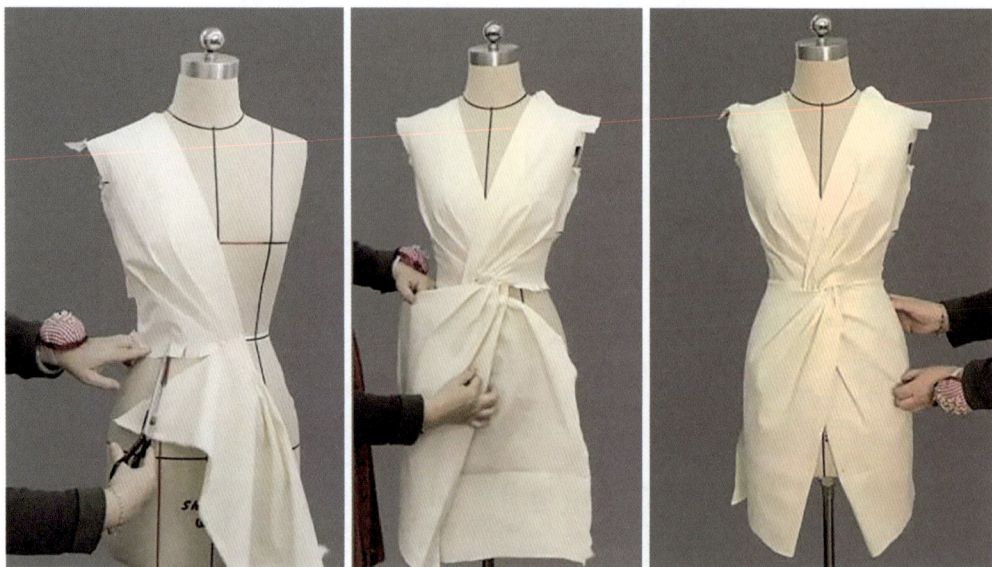

图3-39　直接塑型法服装廓型

思考题

1. 结合案例，分析说明影响服装廓型变化的部位有哪些。

2. 将以英文大写字母命名的服装廓型进行组合，设计系列创意服装（6套）。

第四章

服装结构线设计

P A R T 4

课题名称 | 服装结构线设计

课题内容 | 服装结构线的特性
服装结构线的种类
服装结构线的设计原则及方法

课题时间 | 8课时

教学目的 | 通过对服装结构线种类及结构线设计的重要性介绍，使学生了解服装结构
线特性，掌握服装结构线的设计方法。

教学重点 | 1. 服装结构线设计在现代服装设计中具有"承上启下"的作用，是款式设
计的延伸与补充。

2. 服装结构线的变化能促使服装整体艺术风格的变化。

3. 服装结构线是依据人体及人体运动进行构设，能使服装各个部件之间结
构合理、美观，达到美化人体的效果。

　　服装结构线包括衣服上的分割线、装饰线、省道、褶线等。服装造型设计和结构设计是服装设计的核心内容，二者相互影响、相互支持。服装整体艺术风格的塑造应以服装结构要素为依托，服装结构的一些小设计，如一个褶裥或一条简单的分割线，都可能促使服装艺术风格发生整体变化，服装结构要素运用得当，可以很好地烘托款式造型特征。服装结构线设计可以很好地实现预先设定的功能化需要，也可以较好地实现预期设计的款式造型。结构线设计赋予服装设计丰富的表现力，能够为造型设计提供丰富的灵感和思路，是服装设计不可或缺的技术手段。例如，女装采用结构线中的分割线设计，突出女性胸部、腰部及臀部的曲线美；男装采用分割线设计，突出男性稳重的气质；童装中多采用装饰性的分割线设计，突出俏皮可爱的风格。服装结构线设计在现代服装设计中具有"承上启下"的作用，是款式设计的延伸与补充，是工艺缝制的基础和依据，是服装设计不断提升和创造的中间环节（图4-1~图4-3）。

图4-1　女装中的分割线设计　　　　图4-2　男装中的分割线设计　　　　图4-3　童装中的分割线设计

第一节 ｜ 服装结构线的特性

　　服装结构线是依据人体及人体运动而进行构设的，具有舒适性、合体性、便于活动等特性。服装中，省道线、褶裥、分割线等结构线虽然形态不同，但都对服装构成起作用，都能使服装各个部件之间结构合理、美观，达到美化人体的效果。服装结构线设计的特性归纳起来主要有以下几个方面。

一、功能性

功能性是服装结构线所具有的最重要的特性。服装作为"人体第二皮肤",首先应该建立在穿着舒适的基础上,在以人体为基础,受人体结构制约的情况下,服装结构线最大限度地发挥了收取衣片浮余量,满足人体各个部位不同活动状态的功能。它自身的构成特点可使衣片结构更加合理,准确地反映人体体型特征,使服装穿着舒适合体(图4-4)。

图4-4 服装结构线功能性设计

二、塑型性

服装结构线的塑型性有两方面特征,一是结构线自身的塑型效果,如褶裥的不同形态可将面料塑造出形态各异的效果,增强面料的立体感和韵律感。二是对整体服装造型的塑型性,如省道的位置确定、分割线的合理分配、分割线与褶裥之间的完美融合等,都能使服装更加合体。此外,结合面料性能的差异,结构线位置、数量、走向及长短的变化,对服装外轮廓的塑型变化也会产生一定的影响(图4-5)。

图4-5 服装结构线塑型性设计

三、装饰艺术性

服装结构线在形式上灵活多样,其装饰效果可以优化人体体型,补正体型不足,如胖体型人穿着纵向分割的服装易形成视错,纵向分割产生的视线引导有一定的拉伸收缩感;相反,瘦体型人穿着横向分割的服装会显得身材均匀。某些结构线可以产生特殊的肌理效果,抛开面料、色彩、图案方面不说,结构线自身的组合变化丰富了视觉效应,有些装饰线条,如镶边线、明缉线、波浪线、装饰花边的使用,不仅使服装的效果更加精致,同时也有助于体现服装特有的艺术风格(图4-6~图4-8)。

图4-6 纵向结构线产生的视线引导形成收缩拉伸感

图4-7 横向结构线引导视线水平延伸

图4-8 装饰性结构线丰富视觉效应

四、工艺性

同服装成衣加工一样，服装结构线具有特定生产工序的工艺性。在服装相关部位设置简洁明了的结构线可以取代复杂的熨烫塑型工艺，这种工艺性方便生产、减少劳动时间、提高生产效率。另外，在设计时注意结构线与人体的关系，在从样板到成衣的转化过程中，既能突出人体体型，又能在成衣制作时保证结构线的形态特征，符合服装的外观质量，降低加工的难度。需要注意的是，服装结构线的设计与服装面料有一定的联系，不同面料自身塑型性与悬垂度的差异，能够形成不同的服装风格（图4-9）。对于不同性能的面料，服装结构线的设计与处理也不相同，因此在服装结构线设计时需考虑结构线与材料的结合度，与整体造型统一和谐。例如，厚重的面料不宜设置过多的结构线，因为接缝处较厚且不易缝合，尽量避免在设计和生产过程中出现这种情况，以免适得其反。

图4-9　不同面料形成不同结构线设计

第二节 ｜ 服装结构线的种类

一、省道

（一）省道的定义及分类

1.省道的定义

省道是适合人体或造型需要的一种服装结构设计，通过将面料边缘折叠、捏进，让面料形成隆起或凹进的立体效果。省道的运用能使人体曲线美得以更好地展现，通过将省道围绕身体某一高点进行转移，如前衣片可围绕胸高点进行360°转移变化，形成不同的服装形态。

2.省道的分类

（1）胸省

胸省是指围绕胸部最高点进行变化做出的省道，依据造型需要可设计成多种形式。在女装中，有时胸省与腰省等其他形式的省道配合进行造型。

（2）**肩省**

肩省是设在肩缝部位的省道，分为前肩省和后肩省，前肩省是做出胸部隆起状态及收去前中线处需要撇去的浮余量；后肩省是做出背部隆起的状态，有凸出肩胛骨形态的作用。

（3）**腰省**

腰省是设在腰部的省道，常为锥形或钉子形，作用是使服装卡腰，平衡胸腰差或腰臀差，突出胸部和臀部的隆起以及腰部的凹陷。

（4）**袖窿省**

袖窿省是指设在袖窿部位的省道，分为前袖窿省和后袖窿省。前袖窿省是做出胸部隆起的状态，后袖窿省是做出背部隆起的状态，常以连省成缝的形式出现。

（5）**领省**

领省是指设在领窝部位的省道，作用是做出胸部和背部的隆起状态，用于连衣领的结构设计，具有较隐蔽的优点，可代替肩省。

（6）**侧缝省**

侧缝省是设在侧缝部位的省缝，主要用于前衣身，作用是做出胸部隆起的状态。

（7）**肘省**

袖子肘部的省道，作用是适当形成肘部的凸起和袖型的弯曲。

（8）**臀省**

女性体型特点为腰细臀宽，为了使裙或裤及衣摆较合体美观，常在腰部、小腹部、臀部做出适量的省道。连衣裙有时将胸省、腰省及臀省连为一体，使整体造型更加优美合体。

（二）省道变换的意义及方法

1.省道变换的意义

纵观人体截面形态，它并非简单规整的圆筒形状，而是一个复杂微妙的立体。通常通过结构设计与省道转换，从各个方向改变二维衣片的大小和形状，使之与人体贴合，形成合体美观的立体形态，从而达到美化人体的效果。对于三维立体的人体而言，要使服装美观合体，需要通过省道的剪切、转化、旋转、平移等变化，将衣片产生的褶皱、斜扯、重叠等现象解决，因此省道作为结构线中最具功能性的线条结构，改变了面料的平面状态、贴合了人体的曲面形态、完成了从平面到立体的技术处理（图4-10）。

图4-10 通过省道使服装形成合体美观的立体形态

2.省道变换的方法

（1）剪切法

剪切法也称剪叠法，它的基本原理是剪开预定的省线，折叠原省量，使剪开的省线形成张角，从而将省转移到预定的位置。

（2）旋转法

与剪切法的原理基本相同，但方法有所不同。剪切法要将纸样剪开，使用一次后便不可再用。旋转法是通过旋转纸样达到合并原省、改变省位的目的，所以不需要剪开纸样，可以反复使用。

（3）几何法

几何法也称量取法，是把基型样板侧缝线前后差量作为省道的量，设置在腋下任何位置，省尖对准BP点，作图时要注意省道两边线等长。

二、分割线

分割线是与人体体型和服装造型形成密切关系的一种线条形式，具有连接裁片缝合、体现人体结构、塑造人体特征的特点。分割线作为服装结构线中较为常用的结构变化形式，其组织构成多种多样，其灵活多变的方向产生的流动性赋予服装丰富的表现力，又可作为装饰性线条进行排列组合，增强服装的视觉效果，丰富服装的内涵。在实际应用中，很多时候分割线的功能性与装饰性结合在一起，构成了多种形态。

（一）分割线的定义

分割线又称开刀线，是服装结构线的一种，通常连省成缝形成，是兼有或取代省道作用的拼缝线。从功能性角度进行划分，分割线分为两大类，即装饰分割线和功能分割线。装饰分割线是指为了造型的需要，附加在服装上起装饰作用的分割线，通过不同形态分割线起伏转折的力度及节奏变化，形成均衡、有律动感的服装造型（图4-11）。功能分割线是指为使服装适合人体体型及活动需要，附加在服装上起塑型作用的分割线，具有突出胸部、收紧腰部、扩大臀部，增加某一部位的活动量等功能（图4-12）。

图4-11　装饰分割线　　　图4-12　功能分割线

（二）分割线的基本形式

1.直线分割

（1）垂直线分割

由于视错的影响，在服装中使用垂直线分割，能够形成高度与面积成正比的效果。如果垂直线分割的面积越小，看起来越长；反之，垂直线分割的面积越大，看起来越短。垂直线分割往往与省道线结合在一起，是省道线延伸的一种形式（图4-13）。

（2）水平线分割

水平线分割具有加强横向宽度的作用，服装中水平线分割应用越多越容易形成律动感，服装设计中通过使用横向的分割线并加入滚边、荷叶边、牵条等工艺手法，能够产生优雅浪漫的美感（图4-14）。

（3）斜线分割

斜线分割的关键在于倾斜度的把握，斜度不同视觉效果不同，由于视错觉的影响，45°斜线分割并不会显得过长或过宽，能起到一定修饰体型的作用，同时在服装中使用斜线分割能起到较巧妙地隐藏省道的作用，使服装更加合体，富有立体感（图4-15）。

图4-13 垂直线分割　　图4-14 水平线分割

2.曲线分割及曲线变化分割

曲线分割在服装结构中的运用并不是随意的，而是具有一定的形式法则。首先，曲线分割必须符合人体结构特征，顺应人体起伏，把自然美贯穿在服装结构的表现中，将人体的曲线美感与服装结构组织融会贯通，最大限度地构建服装视觉美的立体形态（图4-16）。其次，曲线分割时将功能线与装饰线结合转化，需要注意曲线的长短、形态和比例的关系，以实现美感。

图4-15 斜线分割

图4-16 曲线分割

曲线又称弧线，具有柔美、优雅的特征，富于韵律感。在人体胸部、腰部及臀部多以柔和优美的曲线分割取代省道，形成较强的装饰效果。从廓型上看，曲线多为S形，在常用服装款式设计中变化不大。随着时代的变迁，曲线在内结构线上的设计变化逐渐增多，设计师们变动服装线条造型，使传统服装产生新的美感，满足大众求新求异的审美需求。例如，一条简洁的公主线分割，弧线设置在人体的位置、弧线的长短，以及弧度的大小、高低、走向等，会形成千变万化的视觉美感。在服装创作中，一条设计得当，既符合人体结构，又具有时尚审美标准的线型设计，需要经验的积累和审美能力的积淀。

曲线变化分割是指在曲线分割的基础上，将垂直线、水平线及斜线与曲线分割组合。这种分割线形态变化较丰富，能够产生较强烈的装饰效果，使服装具有优美、生动、活泼、有趣的特点（图4-17）。曲线变化分割被广泛地应用于各类服装结构设计中，在女装设计中通常被应用在胸部、腰部、领口和袖头等部位。由于女性特殊的身体形态，运用曲线变化分割进行收腰扩胸的结构处理，能较便捷地形成新颖别致、合体美观的服装板型。

图4-17 曲线变化分割

3.非对称分割

非对称分割的设计打破了对称分割的稳定感和秩序感，能产生新奇、刺激的视觉效果，使用非对称分割的设计能够丰富服装样式，但需要考虑外轮廓线与内结构线的统一和谐，在实际应用中还需要借助一定的服装美学知识及裁剪技艺实现（图4-18）。

图4-18 非对称分割

三、褶

（一）褶的定义

褶也称褶裥，从传统意义上来说，"褶"和"裥"的定义不同。褶是指为符合体型和造型的需要，将部分衣料缝缩而形成的自然皱褶。裥是指将部分衣料折叠熨烫，经特殊工艺处理后形成的有规律性和方向性的条状折边。通常情况下，会把褶和裥合二为一，称为褶裥。褶裥是省道变化的表现形式，它不但可以将省道转换成另一种形式，使面料贴合人体起伏的曲线，而且其形式多样的装饰效果在很大程度上影响服装廓型的变化，取得恰如其分的艺术效果。

褶是服装内结构线的另一种表现形式，是将布料折叠缝制成多种形态的线条，从而增加服装设计的艺术感、层次感和空间感，起到重新塑造人体美的作用，如有时会通过褶的设计使服装形成宽松的廓型，留出一定的余量便于活动，同时还可以补正形体的不足。褶在服装结构设计中是一种常用的手法，一般分为功能褶和装饰褶两种。功能褶是以满足人体的起伏变化为主而设置的结构线，而装饰褶主要以强化装饰效果为主（图4-19、图4-20），两者可单一运用也可综合运用。褶的装饰效果较强，带有浪漫、华丽、自然和优雅的古典情怀，在服装结构中被应用于胸部、腰部、领口和袖子等不同的部位，如胸部褶能够突出女性美，腰部褶起到收腰贴体的作用，领口褶起到装饰美化的作用，而袖子的褶大都能够表现夸张的视觉效果。在服装中使用褶能起到补正体型不足、适应人体活动需要的作用，褶线运用在服装结构中，要注意褶量和

图4-19 功能褶

图4-20 装饰褶

面积关系，以及褶型的形式美。

襇同褶，可以互换，也可连在一起称为褶襇。按不同折叠及工艺形式，襇可分为：顺襇，也称刀褶，指向同一方向打折的褶襇，有左顺襇和右顺襇之分；阴襇，左右相对折叠，两边呈活口状态的褶襇；明襇，又称箱形襇，是左右向相反方向折叠的褶襇；风琴襇，无折叠状态，仅通过高温熨烫，形成较细间歇的似手风琴般的褶襇效果；塔克，定褶宽，缝住褶的整个长度，剩余部分自然散开，直接用其自然立体状态的称为立式塔克，压明线将折边固定的称为普通塔克。

对服装来说，褶襇既能够实现服装造型上的功能性，增加服装的活动量，又具有装饰作用，具有韵律感和优雅的动态美感（图4-21）。

图4-21　增加活动量兼有装饰作用的褶襇设计

（二）褶的形态

1.自然褶

自然褶是立体设计中常出现的褶，指把面料直接披挂于身体上系扎或裁成衣片在某处缝合，利用面料的自然属性获得褶的造型效果。自然褶的皱褶起伏自如、优美流畅，随着人体的活动而产生自然飘逸的韵律。自然褶自然下垂、生动活泼，具有洒脱浪漫的韵味，所以经常被用于女装胸部、领部、腰部、袖口等处（图4-22）。这种造型形式较早出现于古希腊的缠裹式服装中，一块四方形的布从身体的左侧裹向前再向后，双肩上部用装饰别针固定，腰部用腰带束紧，使全身形成一系列自然舒展的褶纹造型。褶纹主要以直曲线聚集变化、组合排列，形成一种完整有序的、有规律的装饰形式。

图4-22 自然褶设计

2.人工褶

人工褶是指运用特定的抽褶或打褶的方式形成不同的装饰效果，分为褶裥、抽褶、堆褶和波浪褶。人工褶中最有代表性的装饰褶是褶裥。褶裥根据折叠的方法和方向不同分为顺褶、箱式褶、工字褶、风箱式褶，可根据不同的设计目的进行垂直排列、倾斜排列或水平排列。

抽褶是将布料的一部分用线缝一道，然后对布料进行抽缩，使之形成皱褶，从而产生必要的量感和美观的折叠效应。根据造型的需要，抽褶的部位一般设在布料的中央或两侧；缝合的线迹可以是直线状、折线状或弧线状。缝合的布料长度应根据布料的薄厚程度来定，一般为成型长度的2～3倍，薄料取成型长度的1.5～2.5倍，厚料取成型长度的2.5～3倍，少数特殊布料可取3倍以上。抽褶所用的材料以长丝织物为好，因为这些织物的折叠性好且有厚实感，形成的皱褶立体感强（图4-23、图4-24）。

堆褶是从多个不同方向对布料进行挤压、堆积，形成不规则的、自然的、立体感强的皱褶。材料宜选择剪切特性好、富有光泽的织物，因为这类织物的皱痕饱满且折光效应强烈，易形成极富艺术感染力的造型（图4-25）。

图4-23 两侧抽褶的设计　图4-24 后中抽褶的设计　图4-25 堆褶设计

波浪褶是自然褶的一种，其原理是通过对面料进行结构处理使其形成自然均匀的波浪造型。波浪褶在女装设计中的表现方式有很多种，如平行的、曲线的、"之"字形的、对称的等。单独出现或组合出现均会呈现不同效果，形成不同的服装风格。其功能性和装饰性在裙摆上得到充分体现，常见的半圆裙、整圆裙造型在视觉上给人以立体感、飘逸感，在功能上宽松的下摆更有利于人体的下肢活动（图4-26）。

图4-26 波浪褶

细皱褶是以小针脚在面料上缝制后，将缝线抽紧，或者采用橡筋褶使面料收缩成细小的皱褶，尤其是在轻薄柔软的面料上使用这种工艺时，效果更加明显。在女衬衫育克、前胸、袖头等部位采用细皱褶代替省道，能够形成优美且富有韵律的节奏感（图4-27）。

图4-27 细皱褶设计

第三节 ┃ 服装结构线的设计原则及方法

一、服装结构线设计原则

（一）适体性和实用性原则

人们经过长时间的实践经验积累，把面料按人体体型分成多个块面及片状结构，缝制成服装，即表现出服装的适体性。适体性是服装结构线应用到服装设计中最本质也是最重要的原则，它既能使面料符合复杂的人体曲面，同时解决了人体各个部位的围度差。服装结构线的形态结构要与人体曲面相符合。服装归根结底要发挥它的实用功能，若失去了实用功能，就不会被大众所接受。服装结构线的组成变化形式多样，在很多情况下以功能兼装饰线条的形式出现。如果过分地注重线条的表面装饰效果而忽视功能的完善，那么它在服装中就起不到相应的作用，其功能就得不到极致的发挥。实用是美的内在需要，也是美的前提和基础。

（二）原创性原则

服装结构线设计的原创性是提升服装价值的决定性因素，也是创造更舒适、更合理、更优美的服装空间的必要因素。对于服装结构线原创性的把握，首先要建立在服装使用功能的基础上，逐步将多种艺术形式融入日常艺术素养积累中，巧妙地把各种艺术元素渗透到服装结构线的开发过程中。其次，及时分析和组织时尚信息，融入更多结构工艺及加工手段的原创设计，给服装结构线设计带来更多的展示空间，不断丰富其造型和表达方式，进一步推动服装结构设计艺术焕发旺盛的生命力。

二、服装结构线设计的方法

（一）位移法

位移法指在不改变服装结构线形态的前提下，将服装结构线位置巧妙移动，呈现独特的、出人意料的效果。采用位移法改变内部造型时，可根据需要选择弧线与折线进行设计，也可以通过线与面的组合实现（图4-28）。

图4-28　服装结构线设计中的位移法

（二）变形法

通过挤压、拉伸、弯曲、扭转、折叠、剪切等方式进行结构线的变形设计，可以形成不同的服装结构造型。利用变形法时，须注意充分把握款式结构的特性，基本不改变整体外形，且变形后的结构线要与整体造型协调统一，避免混乱感（图4-29）。

图4-29　变形法

（三）数量增减法

数量增减法指增加或减少结构线的数量，如由分割线、装饰线或褶裥的不同数量形成的疏密变化或不同面积的变化等（图4-30）。

图4-30　数量增减法

（四）形状优化法

形状优化法指改变结构线的长短或大小、形状，如省的长短变化、分割线在图案中的虚实变化等（图4-31）。

图4-31　形状优化法

（五）多元组合法

多元组合法指拓展结构线的存在方式，优化结构线之间的组合方式，如纵横向线条与弧线的组合、曲线与褶裥的组合等（图4-32）。

图4-32　多元组合法

⭕ 思考题

1. 结合案例分析说明服装结构线设计的重要性。

2. 以结构线中的分割形式进行系列创意设计（6套）。

第五章

服装部件设计

P A R T 5

课题名称		服装部件设计
课题内容		领子设计
		袖子设计
		口袋设计
		门襟设计
		其他设计
课题时间		16 课时
教学目的		通过对服装部件中领子、袖子、口袋、门襟、拉链、纽扣、绳带及搭扣等的介绍，使学生了解服装部件设计的重要性，掌握部件设计的规律及方法，提高对服装部件设计的创意设计能力。
教学重点		1. 服装部件除满足功能性需要还具有一定的装饰性。
		2. 服装部件与整体造型有机结合，形成统一的视觉形象。

除廓型设计之外，服装部件设计也是较为重要的一部分，有时成衣的变化通过一些局部细节体现创意，服装部件的设计除了满足一些功能性需要外还应具有一定的装饰性，与整体造型有机结合，形成统一的视觉形象。

第一节 ｜ 领子设计

由于领子位于服装上方，往往能产生视线引导，成为整体造型的视觉中心，是服装设计中较为重要的一部分。领子的样式较丰富，形态变化较多样，主要围绕领线、领座、翻折线及局部装饰等几方面进行变化，既有外观上的不同也有内部结构的差别。

一、领子的分类

领子所处的位置靠近头部及脸部，容易形成视觉焦点，因此是服装部件设计中较为重要的部分。不同风格的服装应搭配不同的领型，如古典旗袍多使用立领，以展现东方女性的优雅；无领造型与其他领型相比简洁流畅，多用于T恤设计中，呈现轻松休闲的风格；驳领的领面一般比其他领型大，线条明快，在视觉上能起到阔胸、阔肩的作用。

领子造型分类的方式多种多样，按领子的基本结构可分为无领、装领两大类。

（一）无领

无领也称领口领，是指领口处无衣领的一种款式，即只有领窝部位无领身，并且以领窝部位的形状为衣领造型线进行变化设计。还有一种无领形式是连衣领，即领子与衣身连为一体的领型。通常无领的变化在于与人体颈部自然贴合的领线变化，可分为套头式和开口式两种，两者在领口的裁配上略有不同。开口式无领一般前衣片装有拉链或纽扣，适用于春秋装。套头式无领一般用于夏装。无领的结构需符合人体体型，前领口处要与胸部服帖，后领口处要与背部服帖，否则衣服会荡开、起空，不仅造型不美观，也达不到遮体的效果。

（二）装领

装领是指独立安装在衣身上的领子，包括有领座、无领座、有领座无领面、有领面无领座等几种，如立领、翻领、驳领、坦领等。立领指只有底领没有翻领的领型。平领指只有翻领而无底领的领型。翻折领是指在领口部位能够翻折的领型，包括底领和翻领两部分，底领和翻领可分开裁制，如男女士衬衣衣领。驳领由底领、翻领和驳头三部分组合而成，三者之间有着密切的关系，既相互联系又相互制约。坦领也称趴领，是一种自然帖服在前衣片和后衣片处的平展领型，一般无领座或领座高度在1cm之内。

二、影响领型设计的内部因素

（一）满足人体工程学原理

领型的设计以人体颈部的四个支撑点为依托，通常要参考人体颈部的四个基准点：颈后中点、侧颈点、肩端点、颈前中点，与领子缝合的衣身的领口弧线一般设计成与脖颈根部形态基本吻合的结构。在领子设计的过程中，除了考虑脸部形状外，还须考虑与颈部、肩部等形态因素（颈部的长度、粗细、维度等尺寸和颈部的倾斜角、肩斜度等）之间的关系，防止发生颈部在伸屈、回转等运动状态下受到领子压迫等现象。

（二）满足功能性需求

领子的功能性体现在调节服装内部温度、易于穿脱和可制作性等方面。夏季的领型多为无领，随着季节气温的冷暖变化，秋冬季的领型添加了高领、连帽领的设计，以增强御寒保暖的功能。领口位于服装最上方的开口位置，在设计过程中要考虑是否容易穿脱。领子的设计与纸样结构也密不可分，在设计过程中必须满足领子的可制作性。

除上述因素外，服装的面料、色彩、廓型也会对服装内部细节和风格产生影响，如面料的悬垂性、柔软性、厚度、延展性能，纱线的细度、密度、捻度和捻向、平方米克重等，对领子造型也会产生一定影响。

三、领子造型设计

（一）无领设计

1.领线领设计

无领设计分为两种形式，一种是领线领设计，另一种是连衣领设计。领线领的设计主要依靠改变领口线的形态完成，设计自由度较大，可以设计成单一的领型也可以由几种组合构成（图5-1～图5-5），在针织类服装、连衣裙或礼服中运用较广。需要注意的是，领线的设计应考虑人体颈根部的弧线弯曲度及满足穿脱方便的特点，尽量避免产生领线不圆顺、不贴体的问题。还需要注意的是，领线设计应与服装风格统一，如童装设计中不宜采用过大过深的V型领，因为V型领底部尖锐的三角形往往和不安定、局促、冷峻等形象关联，不符合孩童们天真活泼的性格；反之，若采用圆领的设计，能够展现儿童可爱烂漫的形象特征。

图5-1　心形领　　　图5-2　方领　　　　图5-3　变化V领　　　图5-4　圆领

图5-5　无领组合设计

2.连衣领设计

连衣领是指从衣身部延展出去的领子，是无领中的一种。连衣领造型与立领较相似，但连衣领和衣身处没有连接线。连衣领主要用于女装设计中，表现雅致、含蓄的东方美（图5-6）。连衣领通过收省和抽褶等工艺形成领部造型，可通过变化省的位置、大小改变连衣领造型，也可以通过改变领口形状或采用折叠、堆褶等手法形成较新颖别致的连衣领（图5-7）。

图5-6　连衣领

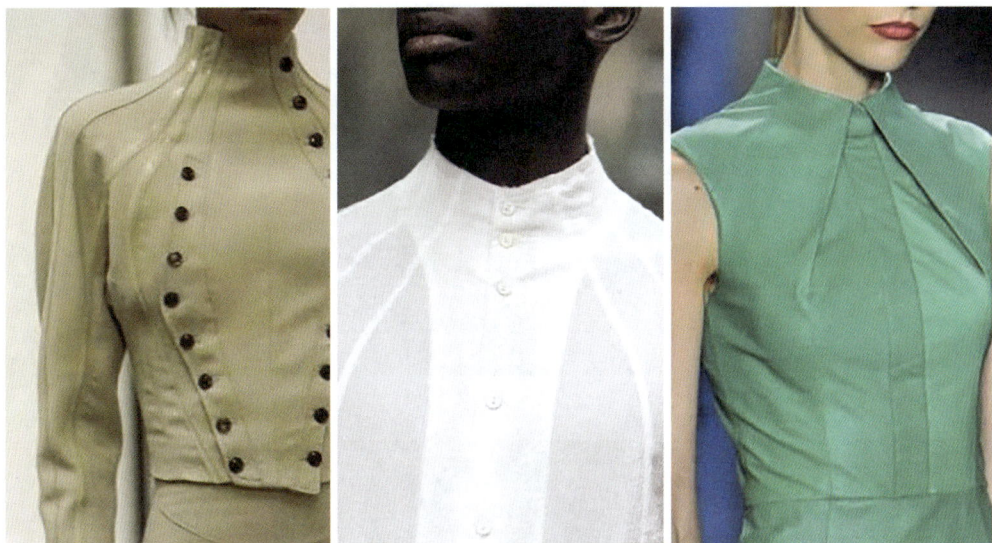

图5-7 连衣领变化设计

（二）装领设计

1.立领

立领是有领座无领面的一种领型，领座与颈部有一定的倾斜距离，与衣身有连接线，多用于旗袍、中山装、学生装等设计中。通过对领座形态的夸张与变形，能够形成较丰富的立领造型。也可以通过改变领座与颈部倾斜度进行内倾式与外倾式的立领设计，外倾式立领远离人体颈部，内倾式立领是在竖直式立领基础上将领上口向里折进，从而领底线向上起翘（图5-8、图5-9）。根据面料的不同，立领领口可设计成宽领或窄领的造型，按领上口线形状可设计成直线形、圆弧形和部分直线部分圆弧形，辅以刺绣、盘扣、镶边、镂空等工艺技法和添加辅料等方式进行装饰设计（图5-10～图5-14）。

图5-8 内倾式立领　　　　图5-9 外倾式立领

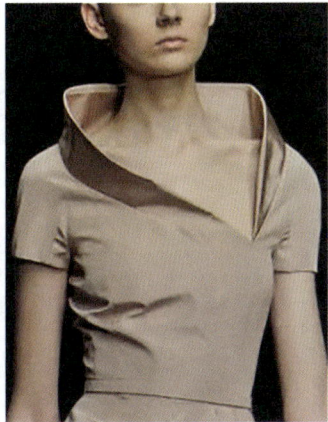

图5-10　变化领下口线立领设计　　　　　　图5-11　变化领上口线立领设计

图5-12　辅以盘扣的立领　　　　　图5-13　钉珠装饰的立领　　　　　图5-14　蕾丝装饰的立领

2.翻领

　　翻领是领面外翻的一种装领，有加领座和不加领座两种，如大部分男衬衫使用有领座的翻领，部分女衬衫使用无领座的翻领。翻领设计可以从领座及领面两部分着手，通过增加领面装饰、改变领座的形态及领面宽窄、将领尖设计成规律的或不规律几何形态，或通过改变领口的开合方式、改变翻领的几何形态及与其他领子的多重组合等形式，创造新颖有趣的翻领，进行领子造型的创意设计（图5-15～图5-19）。

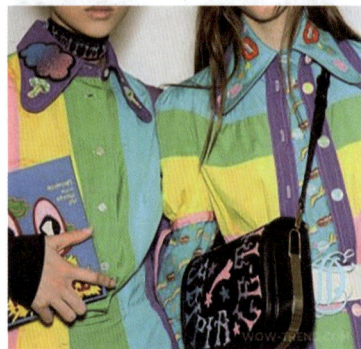

图5-15　立体绣花领面　　　　　图5-16　几何形态叠加的翻领设计

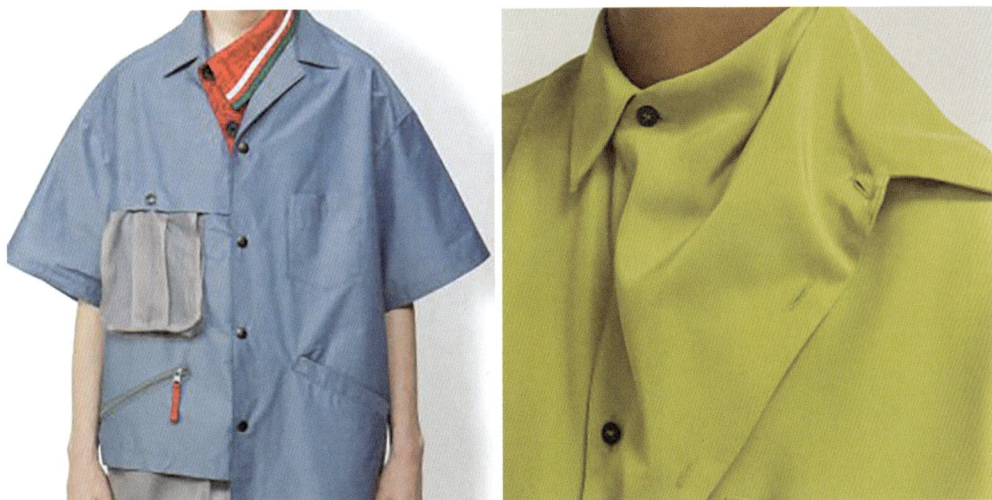

图5-17 改变开合方式的翻领设计

图5-18 改变领尖形态的翻领设计

图5-19 多重组合的翻领设计

3.驳领

驳领是各种领型中最富有变化、用途最广、结构最复杂的一种。驳领通常由翻领、领座、驳头三部分组成，其造型变化主要表现在领面宽、窄、长、短的变化，驳头的戗、圆、平的变化及领边、领口线造型的变化。还可以通过采用不同材质、不同色彩图案的面料进行领面与驳头的拼接设计，或者通过缉线、加牵条、刺绣等工艺处理进行设计（图5-20～图5-25）。

图5-20　不同面料组合的驳领设计　　图5-21　添加装饰带的驳领设计　　图5-22　缉明线装饰的驳领设计

图5-23　改变驳头形态的创意设计

图5-24　改变驳领造型线的设计　　　　图5-25　改变领口线的驳领设计

4.坦领

坦领也称趴领，是一种自然帖服在前衣片和后衣片处的平展的领型，一般无领座或领座高度在1cm之内。其造型特点为舒展柔和，常用于童装及少女装的设计（图5-26）。坦领可通过改变领面的形态、大小、体量进行设计；可以改变领角的形态、个数，形成圆角、方角或多角的样式；也可以通过增加领片的数量形成多层的设计；还可以通过添加刺绣等立体装饰的手法进行变化设计（图5-27）。

图5-26 童装及少女装中的坦领设计

图5-27 创意坦领设计

第二节 | 袖子设计

由于人体上肢活动较多，袖子的设计首先需要考虑合体性及活动时的舒适性，在不影响穿着和人体运动的前提下，根据袖子的结构和形态进行设计。

一、袖子的分类

袖子的分类方法较多，按袖片数量可分为一片袖、两片袖、三片袖、多片袖；按袖子装接方式不同可分为装袖、连肩袖；按袖子的形态特点可分为灯笼袖、喇叭袖、羊腿袖、花瓣袖、泡泡袖等，也可分为肥袖、瘦袖等；而最常见的分类方法是按照袖子与衣身的不同拼接方式分类，即结构分类，可分为连身袖、装袖、插肩袖和无袖四种类型。

二、影响袖子设计的内部因素

（一）满足人体工程学原理

袖子涉及的人体部位包括肩峰点、肩端点、前腋点、后腋点及周边部位的相关点和上肢的整体部位，要符合人体肩部和手臂的形状、结构及其运动规律，要处理好袖窿、袖山与肩臂的关系，如休闲装的袖子要设计得宽松，西服袖子要设计得合身。在服装定制中，要根据不同着装者的肩部特征来设计不同的袖子造型，如塌肩可以设计垫肩，从而在视觉上弥补着装者肩部的特征缺陷。

（二）结构设计因素

袖子的结构设计包括袖山、袖身和袖口。袖山的高低，袖窿的深浅，袖口的大小、宽窄、形状、开口位置等，袖褶松量，袖长长度，袖身与衣身的拼接方式，袖身的分割状况都会影响袖子的整体造型，从而形成各式各样的袖子。一般来说，在袖山弧线总长度不变的情况下，袖山高与袖肥成反比，即袖山越高，袖身越瘦，造型越接近于西装袖，板型越合身；反之，袖山越低，袖身越肥，造型就越接近于衬衫袖，可供活动的松量就越大。

（三）面料材质及服装廓型因素

面料材质及服装廓型在一定程度上影响着袖子的形态，衣宽则袖宽、衣窄则袖窄，袖身的造型应与服装大身的造型协调一致。选择不同软硬材质、不同质感的面料会形成不同的袖子效果，如羊毛面料质感厚重，垂坠感小，其制作的袖子袖山明显鼓起，造型表现更具挺括感，风格上更硬朗干练；棉麻面料较轻薄，相较厚重的羊毛更有垂坠感，在造型中的袖山部分表现得更柔软服帖，给人的感受也更偏向随意自然（图5-28、图5-29）。

图5-28　棉麻面料的袖子轻薄飘逸

图5-29　羊毛面料的袖子风格硬朗

三、袖子造型设计

（一）无袖

无袖的设计主要从以下几个方面着手。首先，可以调节袖窿线与肩部之间的距离，如袖窿线在肩部内移形成斜肩式，袖窿线在肩部外移形成落肩式。其次，可以改变袖窿线的形状，将袖窿线设计为直线、折线或曲线等。最后，可以在袖窿处增加镂空、滚边、缎带、链条等工艺装饰进行变化设计（图5-30～图5-33）。

图5-30　落肩式无袖

图5-31　斜肩式无袖

图5-32　袖窿处辅以链条装饰的无袖　　　图5-33　袖窿处添加荷叶边设计的无袖

（二）连袖

连袖是指无袖窿线、袖子与衣身相连的造型，穿着舒适、易于活动，一般在家居服或中式服装中使用居多（图5-34）。由于连袖较宽松，腋下堆积布料较多，通常选用质地柔软轻薄的面料，或者通过增加省道或开衩来美化造型。连袖的设计可通过改变袖子的宽窄度和长短进行，如加宽袖根肥度，和腰身相连形成蝙蝠袖，或者变化袖子外轮廓线增加趣味性，也可以在袖身上以刺绣、拼接或横向纵向分割进行变化设计，打破单一的整体性，形成丰富的层次变化（图5-35~图5-38）。

图5-34　连袖　　　　　　　　　　　图5-35　袖身增加拼接设计　图5-36　珠绣装饰的连袖
　　　　　　　　　　　　　　　　　　的连袖

图5-37 改变袖外轮廓线的连袖

图5-38 袖身分割设计的连袖

（三）装袖

装袖应用范围较广，是根据人体肩部和手臂结构特点，将袖片与衣身分开裁制后再缝合的一种袖型。常见的装袖包括平袖、圆袖、泡泡袖及插肩袖。

1.平袖

平袖的袖窿开得较大、较平直，袖山线较低，多以一片袖为主，外观呈现宽松平整的效果。平袖的设计可采用在袖身处进行多种形式的线形分割，如直线分割、斜线分割、弧线分割（图5-39）；还可以通过改变袖口处宽窄使袖子呈现松紧变化（图5-40）；或增加口袋、拉链、襻带等，使之饱满立体，富有趣味（图5-41～图5-44）。

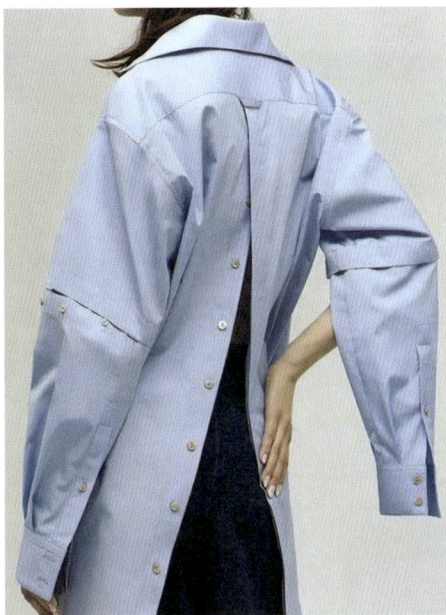

图5-39 袖身横向分割设计

图5-40　平袖袖口变化

图5-41　袖身镂空设计

图5-42　袖身装饰设计

图5-43　加入口袋装饰的袖身设计

图5-44　袖口加入带襻的设计

2.圆袖

圆袖多用于西装、大衣等款式中，通常由两片袖构成，袖山较高且圆润，袖身较顺直，造型基本按人体手臂形态设计，袖口开衩按设计所需可设置为真假开衩两种形式。通常通过在袖身、袖口处添加牵条、花边的装饰，在袖肘处采用拼贴，改变袖口形态，运用立体构成等方式进行变化设计（图5-45～图5-49）。

图5-45 袖口处添加中式盘扣的创意设计

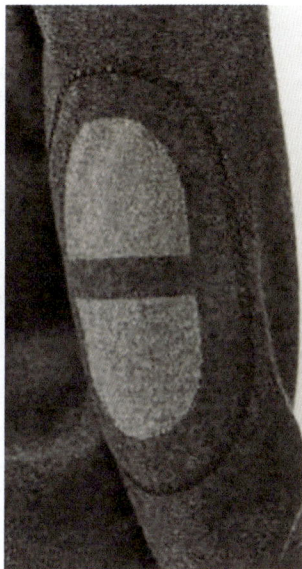
图5-46 袖肘处拼接设计

图5-47 改变袖口形态的圆袖

图5-48 袖口添加花边装饰的圆袖

图5-49 运用立体构成设计的圆袖

3.泡泡袖

泡泡袖多用于礼服、连衣裙和童装的设计。泡泡袖在袖山处剪开，放出所需造型的松量，然后将这些松量分成数个皱襞再与袖窿缝合，形成袖子上部蓬松夸张的效果。泡泡袖的设计，可通过在袖片中横向、纵向或无规律分割，在拼接处增加一定的量，形成富有层次的立体效果；通过改变袖口形状，使袖头呈现开衩、马蹄口或喇叭口等形态；还可通过添加蕾丝、缎带、人造花、钉珠等方式进行装饰，形成华丽隆重的效果（图5-50～图5-53）。

图5-50　袖片分割设计

图5-51　拼接处增加褶量的设计

图5-52　添加立体装饰的泡泡袖

图5-53　袖口处添加刺绣工艺的设计

4.插肩袖

插肩袖一般用于运动服、风衣、大衣的设计中。插肩袖的袖窿线通常延伸至领围线或肩线，在构成上有全插肩、半插肩和双层插肩等形式。插肩袖的设计可以通过在插肩线处增加褶裥、包边、设置省道等改变袖子形态；也可以通过在袖片上添加装饰物丰富视觉层次；还可以通过在袖片上设置分割线，打破整体单调的块面感，形成有节奏的律动感（图5-54 ~图5-56）。

除此之外，还可在袖口添加部分设计，但需要注意在不影响人体正常活动及工作的前提下，如通过改变袖口围度，添加带子、扣子、珠片等辅料配饰进行装饰，采用镂空、折叠、拼接等工艺达到美化的效果（图5-57 ~ 图5-60）。

图5-54 插肩线处增加褶裥的设计　　图5-55 插肩线拼接设计　　图5-56 袖片分割设计

图5-57 袖口添加珠绣装饰的设计　　图5-58 改变袖口围度的设计　　图5-59 袖口添加折叠的创意设计　　图5-60 采用镂空设计的袖口

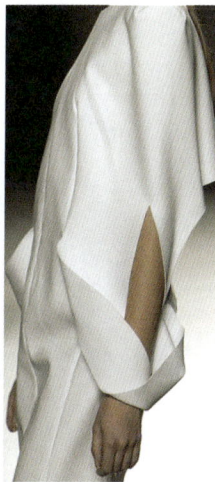

第三节 ｜ 口袋设计

在我国古代服饰发展历史中，口袋是由包袋的一个分支演变而来的。人们在狩猎、耕种、采集等劳动中，需要将物品集中携带，逐步出现了包、袋等物品。其中一种随身携带的小巧型袋式，逐步与服装相结合，形成了今天服装中口袋的形式。口袋是服装中主要的部件之一，除了具有一定的实用功能，还具有一定的装饰性。口袋作为一种装饰元素被运用到服装上，极大地丰富了服装造型的视觉层次感，也使原本平面的服装更具立体效果。在实际生活中，口袋的实用功能往往大于它的装饰功能；而在现代服装设计中，有时口袋的装饰功能大于实用功能，如正式场合穿着的西装礼服，口袋更多的是增加装饰效果，而不是放置过多的物品，否则会破坏服装整体轮廓的线条感。

一、口袋的分类

（一）功能型口袋

功能型口袋，顾名思义就是以口袋的功能性为主的口袋，往往更加注重实际使用功能，如休闲服、户外服中的口袋。功能型口袋的设计部位是人手的活动范围，以手的大小为最小尺寸依据，在结构设计上较为随意。在设计中，位置、形状、大小、材质、色彩等都可以自由交叉搭配，但需以与服装整体的协调性作为前提。

（二）装饰型口袋

装饰型口袋大致分为两种，一种是可见也可使用的带有装饰的口袋，另一种是只有装饰功能或实用功能较小的纯装饰性口袋，如礼服、童装或者一些概念设计服装。装饰型口袋在整体服装中起着影响造型的作用，其自身的装饰性可以成为整体服装的亮点，但因其除装饰性之外并无过多的实用功能，所以在日常服装中应用并不广泛。装饰型口袋往往是设计师为了突出口袋的造型或者迎合整体服装而设计的亮点，主要是为了装饰而不是为了使用。

二、影响口袋设计的因素

（一）满足人体工程学原理

口袋的位置要适中，首先应满足人手插放的活动范围，口袋的大小要以人手的大小为尺寸依据，手的长度和宽度决定袋口的深度和宽度。

（二）满足置物功能与装饰功能

口袋的置物功能体现在可满足不同的功能需求，如西装上衣左胸口带牵条的细长型口袋，一般放置丝巾或方巾，起装饰美化的作用；内部的暗袋设计可放置随身物品，既能保证隐秘性又不会影响服装的外观效果。机能服装的口袋可放置多种物品，如水杯、书、笔、工具等，既满足实际使用需求，同时作为服装中的视觉点的设计又兼有一定的装饰效果。当不同大小形状的口袋以"点、线、面"的形式附着于服装表面时，可充分发挥点缀装饰的美学作用（图5-61）。随着科技的不断发展，使用新型面料制作的口袋更具有装饰性，提高了服装整体的现代感和科技感（图5-62）。

图5-61 体现点线面设计的口袋

图5-62 新型材料呈现的科技感

（三）防寒保暖功能

口袋的防寒保暖功能在冬季服装中表现得尤为突出，在寒冷的冬天没有手套的情况下，人们通常会将手放在口袋中御寒取暖，有些服装会直接选用保暖御寒的面料进行口袋的缝制，或是在内部衬以填絮物进行绗缝，形成的口袋夹层空间能在寒冷的冬日形成保温层，使热量不会散失，从而起到保暖功效（图5-63）。

图5-63　防寒功能的口袋

（四）防丢失与偷窃功能

防丢失与偷窃功能指能够使口袋在拥有储物功能的同时具有防丢失与偷窃的功能，如为口袋安装拉链、做袋盖及用扣子固定等，使口袋形成一个密闭的空间，大大降低了物品遗失和被偷窃的可能（图5-64）。

图5-64　密闭设计的口袋

三、口袋造型设计

口袋虽小，但种类较多，形态变化也较丰富。根据口袋在服装造型中的构成，主要分为贴袋、挖袋和插袋几种类型。按照结构的差异，主要分为贴袋、插袋、挖袋等几种样式。

（一）贴袋

贴袋是指在服装表面直接缉缝袋布做成的口袋，分为有袋盖和无袋盖两种，在口袋里部缉暗线，表面不露明线，形状及装饰手法丰富，常见的有正方形、长方形、圆形等，装饰手法有拼接、褶裥、刺绣、镶边等，更多的使用在休闲类服装中。在进行贴袋设计时，可以通过改变贴袋的几何造型，或将多种几何形态叠加进行；通过改变贴袋的大小位置形成视觉中心；在贴袋及袋盖上采用缉线、拼接、对褶工艺，添加牵条、拉链、花边及襻带等配饰辅料，丰富其装饰性（图5-65、图5-66）。

图5-65 平面贴袋的变化设计

图5-66 立体半立体贴袋的变化设计

（二）插袋

插袋是在衣身前后片缝合处留有袋口的隐蔽性口袋，有明插袋和暗插袋之分，是一种较实用的袋型。最常见的插袋是裤子侧边的插袋、裙插袋和经典成衣设计中的大衣插袋。插袋通过设计各种形态的袋口或在袋口处以线形刺绣、条形包边等进行装饰（图5-67）。

（三）挖袋

挖袋是在面料上挖开一定宽度的开口，再从内部衬以袋布，并在开口处缝接固定的口袋，对制作工艺的要求很高。从外观上看，衣片上留有袋口线，袋口有牵条（有单牵条和双牵条之分），挖袋上面可以装饰袋盖，袋盖又可以适当添加纽扣、扣襻等装饰。在日常服装中应用较多。挖袋的设计主要在袋盖和袋口处变化，如将袋盖设计成直线或弧线，将袋口排列成横向、纵向及斜向等不同形式，在袋盖及袋口上缉各种形态的明线，采用镶珠、加滚条或花边等进行装饰等（图5-68）。

图5-67　插袋的变化设计

图5-68　挖袋变化设计

第四节 ｜ 门襟设计

门襟指上装、裙子或裤子在前中开口、开钗的部位。一般情况下，门襟通过拉链、纽扣、暗扣、搭扣、魔术贴等辅料帮助开合。在服装的前片或者后片等部位，开口由上贯通至底摆的称为全门襟。如果开口没有贯通到底部，则称为半门襟。

一、门襟的分类

（一）门襟结构分类

门襟的结构造型极为丰富，通常有几种分类方法。以纽扣的排序分类，有暗门襟、单排扣门襟、双排扣门襟；以长度分类，有全门襟和半门襟；以位置分类，有前门襟、后门襟、前胸偏门襟、裤子前门襟、裤子侧门襟等。

（二）门襟穿着方式分类

1.前开门襟

前开门襟是指衣服门襟开口设计在前中心位置，是为了服装穿脱方便而设计的比较关键的因素。因为功能性强，应用也比较广。由前开门襟可衍生出丰富的设计变化和结构变化，展现服装不同的设计风格，如通过转省或者解构手法增加门襟层次感，增添服装结构的趣味性（图5-69）。前开门襟基于服装门襟结构有对称式和非对称式，其中对称式以前中心线为对称轴，并且左侧和右侧具有相同的样式，可以通过扣子固定，穿着方式随意，也更具包容性，并且不受空间影响。非对称式门襟在中国服装历史上应用较多，是前片两衣片穿着时以一侧衣片压盖另一侧衣片，偏向身体的一侧系带固定。中国服装史上，冕服、袍衫、深衣、襦裙、旗袍等都是非对称式门襟的典型样式。非对称式门襟对当代设计

图5-69 通过解构形成的门襟设计

影响也很大，中国风服饰、旗袍等样式的服装都是斜襟非对称式门襟，加上刺绣、盘花、镶嵌、缝缀扣饰等手工装饰手法，使得服装秀美雅致，充分体现了女性的温婉之美（图5-70）。

图5-70 非对称式门襟设计

2.后开门襟

后开门襟是指衣服门襟开口设计在后中心线位置，前片是完整状态。后开门襟一般因个性化设计而使用，其操作不方便，减弱了人体对穿脱的掌控和调整。将门襟转移至后背，设计重点也会随着转到后背，突出服装背部细节设计的表现力。后开门襟服装应用最广泛的是欧洲女性的紧身胸衣样式，从13世纪开始，彰显女性身材特点的服装在欧洲的流行趋势中占据主导地位，女性通过收紧腰部和扩张臀部来强调腰肢的纤细和臀部的丰满。

随着社会的发展，自然美成为现代女性的审美追求，背后开合处以绳带或者纽扣等方式固定的形式也慢慢被拉链所代替，后开门襟处钉扣或扣襻的设计可起到点缀装饰的作用，避免单调。随着拉链的出现，后开门襟的应用就变得更多了。一是拉链解放了双手，穿脱更加方便；二是拉链具有很强的束形能力，比扣子、绳带等扣合方式在视觉上更显精致。这种方式既满足了穿脱的功能性，还可以通过束形来凸显女性曲线的柔美（图5-71）。

图5-71　后门襟设计

二、门襟的功能性设计及造型设计

门襟是服装工艺结构中一种开放性处理形式，其实用性的特性，决定了其在结构上的功能性。服装艺术设计中，因审美需要强调门襟的修饰手法，将结构的理性和艺术的感性相结合。

（一）门襟的实用功能与审美功能

门襟处于人体视觉中心，位置比较醒目。在使用上是方便穿脱，利于便捷行动。门襟以视觉美学中线条的形式出现，设计上与袖子、领子、衣身相互映衬，展现设计风格，表现造型美。当下流行趋势中，门襟不受传统位置的限制，在肩部、后中、前中等部位都可做门襟处理，其主要目的是方便肩部和头部正常穿脱，不同部位开门襟是为了配合设计造型的需要，通过功能性与造型性相结合，提升时装款式的趣味性。

（二）门襟造型设计

门襟位于服装前胸部位开口处，是服装中较为重要的部件之一。门襟外观表现较多，有闭合式门襟、敞开式门襟、偏开式门襟、对称式门襟、通开襟、半开襟和半襟等多种样式。依据设计理念，有的门襟形状比较突出夸张，有的则弱化了门襟的形态。从形状上分析，常见的门襟形状可以变化为直线形、斜线形、圆弧形、不规则形等（图5-72）。门襟与衣片连接方式的变化是实现服装门襟结构细节创新设计的重要方式，如运用解构手法对门襟进行创造性组合，通过拼接或结构位置的变化使门襟与衣身之间形成一定的空间感，从而赋予服装别具一格的层次美（图5-73）。

图5-72 门襟形态的变化设计

门襟的装饰细节非常丰富，如用布条和纽扣在门襟区域形成装饰，用线绳在门襟处形成几何形图案，在门襟处通过不同面料拼接形成视觉对比效果，通过绑带设计连接门襟和腰身，增添设计的妩媚感（图5-74）。不对称的斜门襟设计打破了传统，让服装更加别致和个性化（图5-75）。在裤装门襟中采用

图5-73 具有空间层次变化的门襟设计

不对称式设计交叠，在视觉上让腰部更加修身，同时还能获得拉高腰线的效果，让裤身看起来更加修长（图5-76）。

图5-74 门襟细节设计

图5-75 不对称门襟创意设计

图5-76 裤装中不对称门襟创意设计

门襟的设计需要与服装整体造型及风格统一，如对称式门襟比较理性、偏开式门襟比较灵动、敞开式门襟较为潇洒、闭合式门襟则传统实用等。门襟可通过位置上的移动改变视线引导，通过改变门襟形状，如设计成锯齿形、曲直结合形等形成视觉变化，还可以通过抽褶、系扎、叠加等工艺手法将门襟处理成立体式门襟，使其具有强烈的艺术效果。除此之外，在门襟止口边缘装饰花边或以镶边、滚边等技法进行装饰点缀，突出门襟的造型美（图5-77～图5-81）。

图5-77 门襟止口处添加荷叶边的设计

图5-78 门襟形态的变化设计

图5-79 门襟中的叠加设计

图5-80 门襟中的系扎设计

图5-81 门襟中缠绕折叠的设计

第五节 | 其他设计

一、拉链

（一）拉链的功能

拉链与纽扣相比具有操作方便、快捷的特点。拉链的闭合、开启一般仅需几秒，远远短于系纽扣所使用的时间，同时拉链在使用中还具有灵活多变性，穿者可根据个人的兴趣爱好及各种不同需要，随时调整拉链的闭合、开启程度。基于此特点，服装设计中常常借助拉链来设计各种多功能服装，如可随意调节服装的长短，袖子与衣身、帽子与衣身、外层与夹层等组合式服装的拆合，从而使服装更加多样化（图5-82）。随着拉链闭合、开启程度的变化，服装呈现不同风格：当拉链完全闭合时，呈现干净、利落的风格；当拉链呈半启半闭或全启状态时，服装则呈现潇洒随意的格调（图5-83）。

图5-82 依据功能需求设计的拉链

（二）拉链的设计

图5-83 开启状态不同呈现不同风格

图5-84 具有收褶功能的拉链设计

拉链除了具有上述隐蔽性强、密封性好、方便灵活等实用功能外，还具有极其独特的装饰功能，也是服装部件设计中具有较强装饰效果的一部分。拉链设置的部位、数量、色彩、材料、款式、加工工艺等不同可使服装造型各具特色。从拉链设置的部位看，其几乎可使用在服装的各个部位，如门襟、口袋、袖口、裤口、分割线、开衩处。拉链单独使用时，链头随拉链开启程度的变化而改变至相应的位置，拉链使用的部位不同则会呈现各种不同形式的线条。例如，设在门襟处的拉链，当拉链闭合时，似一条纵向垂直线镶嵌在服装中，使穿着者显得修长挺拔；拉链开启时，随着人体的运动，在服装中会形成一个不规则的面，从而营造出一种自由活泼的气氛，满足了人们追求休闲时尚的需求。拉链用在分割线或开口处，能强化服装线条的长短、粗细、虚实。服装中多个部位同时使用拉链时，能增添一种均衡的秩序美感。此外，拉链还具有一定的收褶作用，如拉链用在袖口处、裤口处，能使该部位更加合体（图5-84～图5-86）。

拉链的创新使用已成为集装饰性、实用性、多元化于一体的服装设计元素，拉链的形式表达已从功能性向多样性转变，凭借其材质与服装面料的视觉对比，具有极强的装饰效果。除此之外，拉齿的创新、码带印染撞色、拉链贴边以及拉链的不同运用方式，以其不同的变化表现服装的不同风格。撞色码带多用于运动、休闲装上，可通过正反、左右双色的拉链呈现强烈对比，无论是大面积使用还是用于点缀都能增加时尚度（图5-87）。利用拉链可为服装带来新的视觉效果，如弧线门襟拉链、三角形拉链等非常适合追求潮流的消费者的审美需求（图5-88）。

图5-85　拉链在服装点线面中的设计

图5-86　具有装饰及调节功能的拉链设计

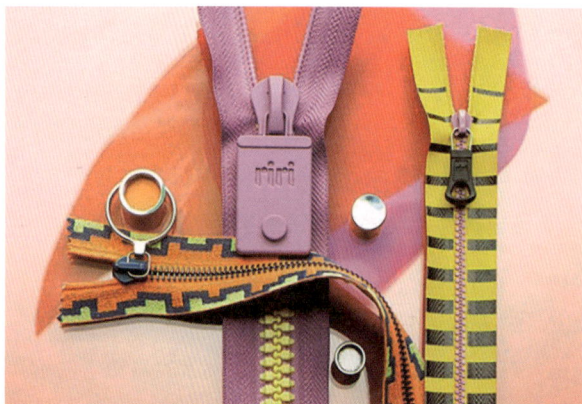

图5-87　码带印染撞色的拉链

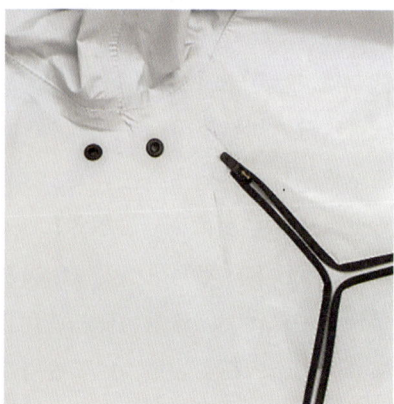

图5-88　三角形创意拉链设计

二、纽扣

（一）纽扣的起源与发展

纽扣作为服装辅料之一，最初的功能是使衣服闭合，起到防寒保暖的作用。随着科技的发展，新材料、新辅料的出现，如搭扣、拉链、串绳等部分替代了纽扣的实用功能。纽扣通过其质感、颜色、大小、形状对服装进行点缀，是服装的设计元素之一，其装饰效果独特，能够与服装整体造型有机结合成为视觉中心。

纽扣最初为专用于服装联结的扣件，通过套入纽襻把衣服等扣合起来的片状或球状物（每个扣眼对应各自的纽扣），将服装的开口部位连接起来，使服装保持稳定的着装形态，起到保暖、隔热、防风的作用。中国古代服装形制以宽衣大袍为主，衣带随风而飘，符合古人审美取向，在这种服装文化背景之下，通常以带系之。最初的纽扣材质比较简单，如木纽扣、石纽扣、贝壳纽扣等，到清朝后期，纽扣被广泛使用。民间的纽扣多为素面，即表面光滑无纹；贵族则多用大颗铜扣或铜鎏金扣、银扣，纽扣上镌刻或镂雕各种纹饰，如盘纹、飞凤纹以及一般花纹。乾隆以后，纽扣的制作工艺日趋精巧，衣用纽扣也越加讲究，以各种材质制作的各式纽扣纷纷应市，如镀金扣、镀银扣、螺纹扣、烧蓝扣等，另外还有贵重的白玉佛手扣、包金珍珠扣、三镶翡翠扣、嵌金玛瑙扣以及珊瑚扣、蜜蜡扣、琥珀扣等（图5-89、图5-90）。纽扣的纹饰也更加丰富多样，如折枝花卉、飞禽走兽、福禄寿禧，甚至十二生肖等，至今仍是一种有较高欣赏价值的工艺品。中国艺术的创作历来重视造物在伦理道德上的感化作用，它强调物用的政治功能与审美情感的满足，同时强调感官上的愉悦符合伦理道德规范，其形式、内涵又随着社会的发展、时代的变迁而演变，呈现出阶段性和时代性的特点，纽扣的演变与发展也不例外。晚清时出现的盘扣是我国独有的一种纽扣样式，采用手工制作，用布料缝成细条盘结成各种花式和形状，做工精巧、造型优美。清朝时期男子服装以袍、褂、衫、裤为主，衣服用纽扣来连接；女子服装以满族女性传统旗袍为主，缀于旗袍之上的盘扣样式贴近生活，寓意吉祥。例如，琵琶型盘扣以乐器琵琶为基本元素进行创作，体现了人们对美好生活的向往，表现了中国传统文化中的乐曲之美，其对称的形式构成也继承了中国传统儒家文化中孔子所倡导的追求平衡、对称的中庸之美。盘扣的出现和发展使纽扣

图5-89 清朝马褂素面扣

图5-90 清朝时期蜜蜡扣

由实用性转向实用装饰性，成为我国服饰文化中独树一帜的工艺品（图5-91、图5-92）。现代服装设计中，纽扣设计以材质、造型为主要变化手段，在服装中的运用以其闭合功能为主。在近年的成衣设计中，纽扣的装饰作用得到进一步强化（图5-93）。

图5-91　琵琶扣　　　　　　　　图5-92　盘扣

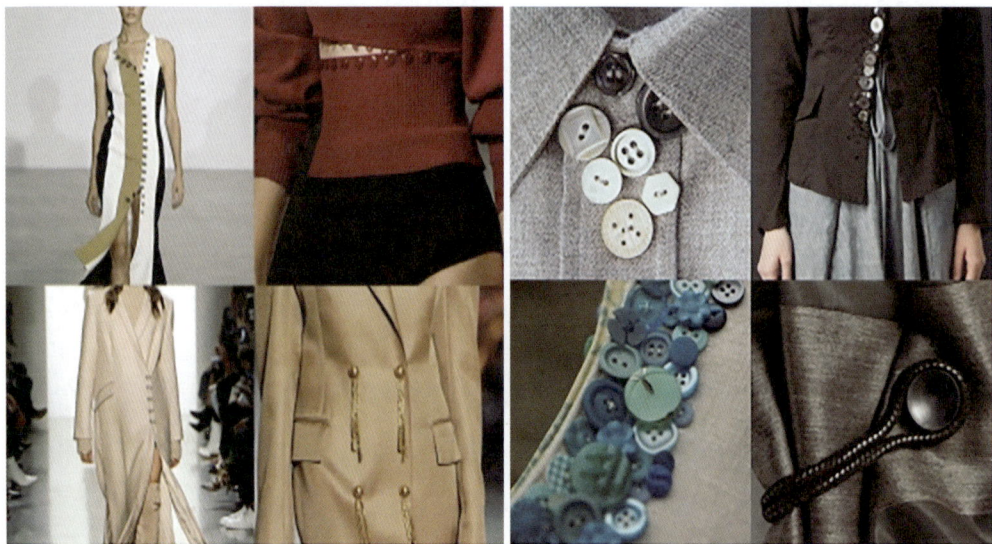

图5-93　多种造型多种材质的纽扣

（二）纽扣的设计

1.纽扣功能性与装饰性的结合设计

设计师应注重结合纽扣的功能性和装饰性，在保持纽扣闭合功能的前提下，充分发挥其装饰功能。以纽扣作为设计中心，结合纽扣的色彩变化，改变传统纽扣单一色彩的设计常规；采用多种色彩纽扣进行设计，用不同色彩和形状的纽扣排列展现独特的艺术魅力，如在暗色调、淡色调的服装上运用多个高纯度的鲜艳纽扣设计，适时增加图案，塑造服装风格（图5-94～图5-96）。

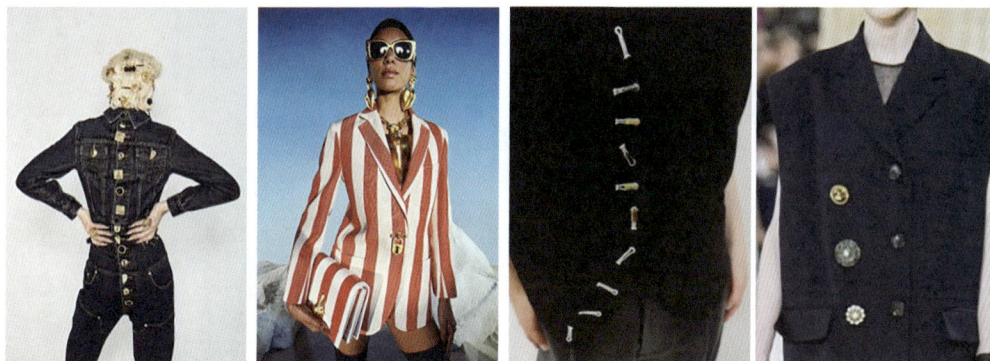

图5-94 不同大小形状排列 图5-95 纽扣成为设计中心 图5-96 不同颜色形状的纽扣设计
的纽扣设计

2.纽扣的形状及大小创意设计

改变纽扣的常规形状和尺寸是近年来设计师常采用的设计方式，应用夸张的大型纽扣，其独特的肌理和醒目的色彩成为黑灰色调或纯色服装上的亮点（图5-97），成为视觉中心，丰富了简约的款式结构。还可对纽扣进行组合排列，代替繁复的服装结构线设计，融合细腻的设计细节将纽扣疏密有致地排列在服装上，营造出丰富的节奏感（图5-98）。在这类设计应用中，纽扣作为闭合材料的闭合功能已消失，装饰成为主要的功能表现，设计师把纽扣作为面料装饰物，通过对纽扣色彩、材质、尺寸的组合搭配，达到图案化的装饰效果（图5-99）。

图5-97 大尺寸纽扣的点设计

图5-98 纽扣的线状排列

图5-99 图案装饰效果的纽扣设计

三、绳带及搭扣

在服装语境下，绳为横截面或直径相对较粗，由线捻或者多股纱编织而成的多股条状结构。应用于各类服装中的绳带类材料，一般保留紧固的功能性，同时兼具装饰性。现代服装中的绳带设计部分弱化了紧固功能，更多的是发挥装饰性、艺术性、创意性的作用（图5-100）。衔接、相连、扣紧两个物品之间的元件叫搭扣。搭扣类材料一般由铁、黄铜、合金等混合加工而成，形态结构多样，形状大都为环状，具体根据环形及功能来取名，常见的有D形环扣、葫芦环扣、日形扣、中空环扣等，起到调节松紧、长短的作用。使用搭扣不仅加固了服装关键部位的稳定性，也可突出个性化的创意，增添全新的视觉冲击与享受，体现强烈的艺术风格及装饰效果（图5-101）。

图5-100　绳带的创意设计

图5-101　搭扣的创意设计

思考题

1. 从实用性与功能性相结合的角度，分析说明影响袖子创意设计的因素。

2. 分别对领子、袖子、门襟、口袋等部件进行拓展训练，对每一类部件进行创意设计（5款）。

第六章

服装色彩与
图案设计

P A R T 6

课题名称 | 服装色彩与图案设计

课题内容 | 服装色彩设计
服装图案设计

课题时间 | 8 课时

教学目的 | 通过对色彩基础知识、服装色彩特性、服装色彩搭配美学原理及服装图案
的种类的介绍，使学生了解服装色彩与图案的基本知识，掌握服装色彩及
图案的设计方法。

教学重点 | 1. 服装色彩是服装设计中主要的构成元素之一，通过色彩设计能够将服装
表现得生动醒目，具有一定的视觉冲击力。

2. 现代服装中图案设计是艺术性与实用性相结合的产物，以不破坏服装整
体风格为原则。

3. 图案设计需依附服装造型或具体部位，达到渲染服装艺术气氛的效果。

色彩是服装设计中主要的构成元素之一，色彩可以使服装生动醒目，具有一定的视觉冲击力。与服装款式造型、结构工艺等要素相比，服装色彩处于首要位置，这是因为在视觉感知的过程中，色彩最先映入眼帘、刺激视网膜、形成色感觉，产生各种情感联想。例如，人们走进商场选购衣服时，首先注意到的是服装的颜色，人们对颜色的喜好直接影响着购买行为。

第一节 | 服装色彩设计

在服装设计中，色彩的选用及组合依据设计师的设想和实际需要来完成，按照人们所处的社会、民族、宗教、文化及性别、年龄、个性等多方面进行，色彩设计要符合人们的审美习惯，满足人们生理及心理需求。

一、色彩基础知识及特性

（一）色彩的分类

通常将色彩分为三大类：无彩色、有彩色及光泽色。无彩色是指黑色、白色及黑色与白色调和的各种灰色。有彩色是指红色、黄色、蓝色、绿色、青色、橙色、紫色等颜色。光泽色是指有光泽的色彩，如金色、银色、珍珠色等。

（二）色彩三要素

色彩三要素包括色相、明度和纯度。

1.色相

色相是指色彩的相貌，是区别各种不同色彩的标准。在色彩中最基本的三种颜色即红色、黄色、蓝色，通常被称为三原色，三原色两两组合可调配成橙色、绿色和紫色，将三种以上的颜色进行调和就会得到复色。如果将色相放置在立体的色球上会呈现环状，称为色相环。色相环根据需要可以做成6色、12色、20色、24色及40色等（图6-1）。

2.明度

明度是指色彩的明亮程度。在无彩色中，白色明度最高，黑色明度最低。在有彩色中，通过加入不同量的白色提亮明度，加入不同量的黑色降低明度。

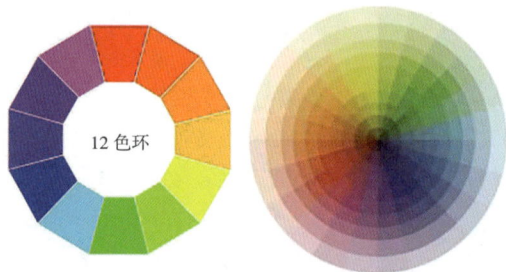

图6-1 色相环

3.纯度

纯度是指色彩的鲜艳程度，又称彩度或饱和度，当一种非常鲜艳的颜色中加入其他颜色，就会降低这种颜色的饱和度。

（三）色彩感觉

1.冷暖感

在色相环中，红色、橙色让人联想到火、太阳，给人温暖感。相反，蓝色、青色会使人联想到冰川、湖泊，给人寒冷感。正如日常生活中，夏天冷色调的服装容易让人感觉到丝丝清凉。紫色和绿色处于色相环中间，不冷不热，属于中性色（图6-2～图6-4）。

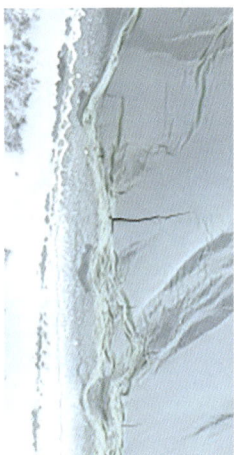   

图6-2 冷色 　　　　图6-3 暖色 　　　　图6-4 中性色

2.空间感

色彩饱和度越高的颜色越往前跳，色彩饱和度越低的颜色越向后退。与这种视觉上的距离感一样，色彩饱和度高的颜色显得大，色彩饱和度低的颜色显得小。一般把前者称为膨胀色，后者称为收缩色，如体型较胖的人常选择深色服装，体型过瘦的人常选择颜色鲜艳的服装（图6-5、图6-6）。

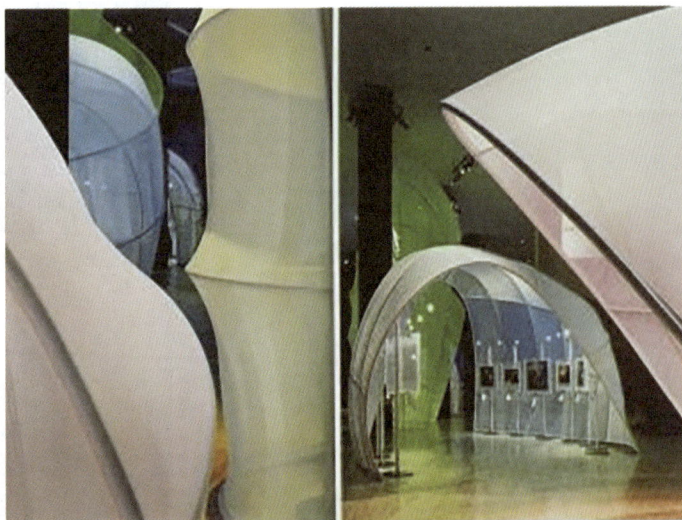

图6-5 色彩的空间感

图6-6　不同体型的色彩选择偏好

3.轻重感

　　色彩的轻重感是由色彩的明度决定的，如白色的棉花是轻的，黑色的煤炭是沉的。明度越高的色彩感觉越轻，明度越低的色彩感觉越重（图6-7）。

图6-7　色彩的轻重感

4.兴奋感与冷静感

一般暖色调给人热情兴奋的感觉，冷色调给人安静沉着的感觉。明度和纯度越高，刺激性越强，则兴奋感越高（图6-8）。

（四）服装色彩特性

1.服装色彩设计的功能性

从服装设计的实用功能方面要求服装色彩的应用性也要有相应的配合。特殊行业的服装需要特定的色彩，以满足或强化其本身的实用性能。例如，交通警察的制服背心，采用荧光绿色或银、橘色相间，以凸显其醒目性，以此从颜色上来加强交警在值勤过程中的安全；医生和护士的服装色彩设计有一定的限定，如白色、淡粉色、淡蓝色等，白色代表洁净，淡粉色和淡蓝色可起到舒缓情绪的作用；一些户外作业人员的服装除使用特殊防护面料外，还会根据特定环境选择鲜亮或隐蔽的色彩以满足实际需要。

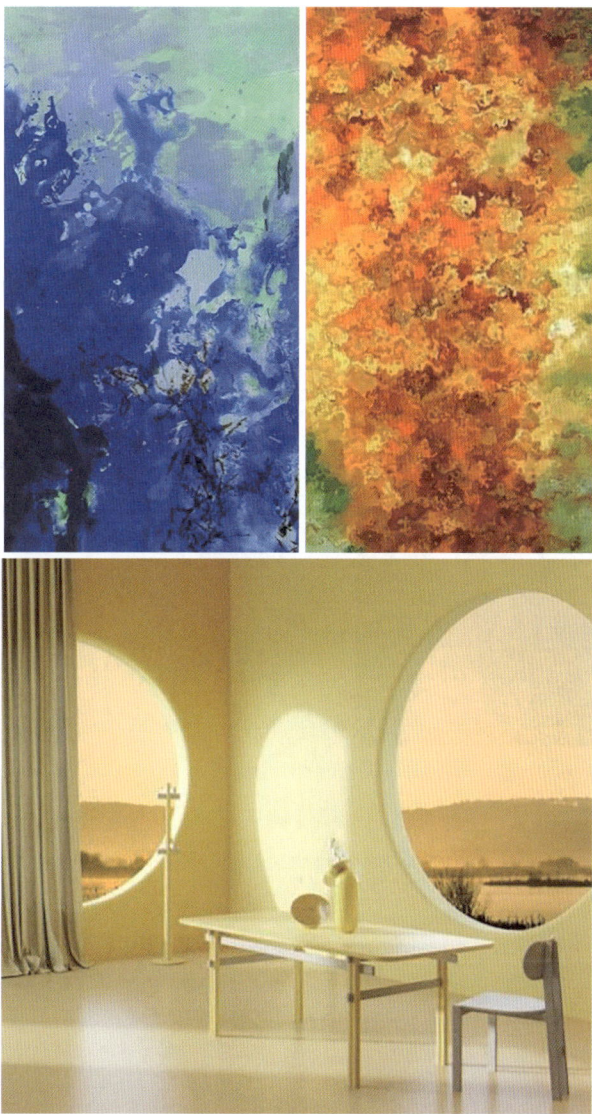

图6-8 色彩的兴奋感与冷静感

2.服装色彩设计的审美性

审美是人类了解世界的一种特殊心理活动，服装色彩除需要满足部分实用功能外还需满足人们的审美需求。服装色彩所产生的视觉效果和精神作用，直接反映了人们的审美观念和精神取向。来自视觉刺激的色彩审美是一种较抽象的概念，需要根据使用场合、不同年龄层选择相应的色彩，通过色彩设计的审美属性满足不同人群的情感诉求。

3.服装色彩的商品性

色彩作为服装设计的重要组成元素，某种程度上是服务于服装的商品性。无论是秀场上展示的高级定制服装，还是时尚流行的成衣，都具有商品流通性。设计师在设计服装的时候，要充分考虑到穿着者的需求、当季色彩流行趋势，研究不同消费人群的年龄层次或职业，针对不同定位及风格的服装进行色彩的整体搭配，使服装进入终端销售市场之后可以创造更多的市场价值。

除此之外，与面料质感形成密切关联是服装色彩的特点之一，面料的质感发生变化，色彩就会随之产生变化。同样的红色，在绸缎中体现奢华、高贵之感，在皮革上体现冷艳、危险之感，在粗纺毛呢上体现自由、粗犷之感，在雪纺上体现俏丽、明艳之感（图6-9）。

图6-9　相同色彩在不同质感面料中的应用

二、服装色彩搭配

（一）服装色彩搭配的美学原理

服装配色是一个较复杂的问题，每一种色彩都无所谓美或不美，只有当一种颜色与其他颜色组合搭配后，才能产生美与不美的评价。从设计的角度来看，色彩运用的好与坏，需要考虑服装穿着者的个性、穿着地点、穿着场合等多种因素，同时还要考虑色彩的象征性与形象性。服装色彩组合搭配包含以下形式美法则。

1.比例

色彩面积的比例直接影响色彩组合搭配的效果，在色彩组合搭配中，如果按照1∶1的比例组合，两个颜色平均分配，会造成一定的离心感。例如，红绿搭配，两种色彩势均力敌，如果改变其中一个色相的面积，好似"万绿丛中一点红"的组合方式，就会使人感到美和愉悦。这说明了在色彩搭配中，一个占比面积较大的主色辅以占比面积较小的点缀色，就会缓和视觉矛盾，形成舒适的视觉享受。在明度分配时，以明度高为主时，能创造出明朗、轻快的格调；以明度低为主时，易产生庄重、肃穆的氛围（图6-10）。

图6-10 色彩比例分配

2.节奏

节奏本是音乐或舞蹈中乐曲与舞蹈动作随时间变化，在听觉和视觉感知上重复的强弱与长短，借用到服装中，是指视觉上反复出现的强弱现象。在服装色彩组合搭配中，节奏感可以通过重点重复产生。例如，将袖口、门襟、底摆采用同一种颜色，或将同一色彩用不同明度或纯度按顺序排列等，这些都能够使服装形成强烈的层次感，富于变化（图6-11）。

图6-11 色彩的节奏

3.平衡

服装色彩组合中的平衡是指色彩的冷暖、明暗、强弱、位置、轻重等在服装中布局合理且匀称，色彩组合后产生的视觉心理上的安定感及均衡感。例如，上轻下重的色彩搭配给人以稳定感，上重下轻的色彩搭配若处理好能给人以一定的动感，构成视觉关系上的均衡而形成美感（图6-12）。

图6-12　色彩的平衡

4.统一与变化

在服装色彩组合中，主色数量越少越好，一般1~2种颜色比较适宜，配色数量不宜过多，这样容易形成一个明确统一的色调，搭配适度的辅色，在统一中求变化，呈现一个既有秩序又有生气的色彩氛围（图6-13）。

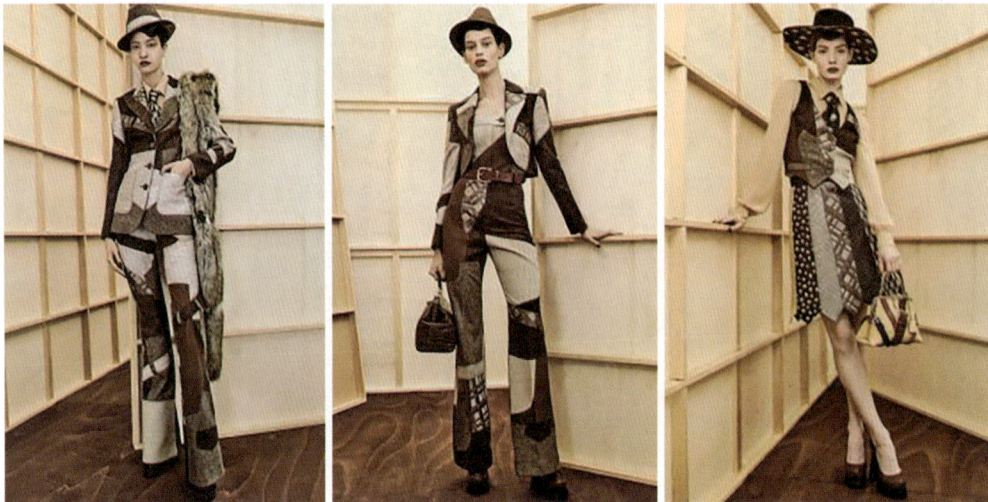

图6-13　色彩的统一与变化

（二）服装色彩搭配方法

1.无彩色单色搭配

无彩色单色服装一般用于极简主义风格服装设计中，单纯节制的色调体现了简约主义风格的内涵，简约而不简单。无彩色单色服装，象征语言明显，整体风格简约大方（图6-14）。通常无彩色单色搭配视觉效果干净大方，依据服装风格、服装定位选择对应的色彩，也可通过多材质组合及面料再造等方式弥补色彩的单调（图6-15）。例如，白色给人纯净的视觉感受，适用范围较广泛，可作为正式场合穿搭的颜色，表现出高雅的气质。黑色和白色一样，也是每一季时尚发布会中必不可少的颜色，黑色给人以神秘感，不同质地的黑色服装呈现的风格和视觉体验不一样。灰色是一种介于白色与黑色之间的颜色，不同纯度的灰色给人以不同的心理感受，如炭灰色给人古典优雅感，银灰色充分展示现代气息，珍珠灰可以展现材料质地的精致感（图6-16）。

无彩色搭配由无色彩属性的黑、白、灰组合，黑色

图6-14 无彩色服装呈现的简约风格

图6-15 多材质组合丰富单色的视觉表现

图6-16 不同纯度的灰色产生的视觉感受

是明度最低的无彩色，往往与坚硬、庄重、神秘等相关联；白色是明度最高的无彩色，往往与纯洁、冷峻相关联；灰色则常与中庸、朦胧、雅致、低调等相关联。无彩色搭配主要通过明暗关系的变化形成和谐的配色效果（图6-17）。

图6-17　无彩色单色搭配设计

2.有彩色搭配

有彩色是指可见光中的全部色彩，以红色、黄色、蓝色、绿色、青色、紫色等为基本色。基本色与无彩色之间不同量的混合产生出的千万种色彩都属于有彩色。服装中有彩色搭配属于双色、多色搭配。双色搭配是指整件服装或整套服装采用两种色彩，在配色的过程中，需要考虑两种色相的对比规律及面积比例，运用穿插、透叠等方式效果较好（图6-18）。

图6-18　运用穿插透叠进行的色彩组合

多色搭配是指整件服装或整套服装采用三种及以上色彩组合，这种配色方法较单色、双色搭配层次丰富，需要注意主体色的整体把握，分清主次关系，形成统一中有变化、变化中有统一的视觉和谐。

服装应用多色搭配时色彩分配的比例较重要，一般遵循一种颜色占主要位置，另一种颜色占次要位置，无论上下装还是内外装的多色颜色搭配都要遵循这一原则。多色搭配可以充分展示色彩的对比关系，通过相互映衬突出色彩的性质。

（1）色相搭配

色相搭配主要有同类色、类似色、邻近色、对比色、互补色等搭配形式。在色环上相距15°以内的颜色称为同类色，色彩对比弱，这种搭配素净、统一。在色环上相距30°以内的颜色称为类似色，一般被看作同一色相明度与纯度的对比，较同类色搭配稍显丰富，但整体视觉变化较柔和。在色环上相距60°以内的颜色称为邻近色，这种色彩搭配既保持单纯性又具有统一性，是不容易出错的一种搭配形式（图6-19、图6-20）。在色环上相距90°~180°的颜色称为对比色，其视觉效果强烈、鲜明，但容易引起视觉及心理上的疲劳感（图6-21）。在色环上相距180°的颜色称为互补色，互补色配色对比最强，易产生分离感，形成一种炫目、刺激的感觉。

同类色的色彩搭配色调统一，整体视觉刺激性不强，适合清新淡雅的服装主题表达；类似色的色彩搭配比同类色的色彩搭配对比要强烈一些，视觉感也相对统一，注重细节色彩的穿插，属于色彩弱对比的范畴；对比的色彩搭配属于色彩强对比，视觉刺激较强，搭配组合的时候要适当注意色彩比例的表达，以免造成生硬、不舒适的视觉感受；互补色的色彩搭配属于最强烈的色彩搭配，如红色与绿色、黄色与紫色、蓝色与橙色的搭配，可以适当地调整色彩纯度或倾向性，使之更具有搭配的美感，色彩中补色之间的搭配给人印象深刻，并且极易出彩。

图6-19 同类色、邻近色搭配

图6-20　邻近色搭配呈现的统一舒适感

图6-21　对比色搭配

（2）明度搭配

一般在服装中高明度色彩搭配效果欢快、明朗、生动；中明度色彩搭配呈现优雅、成熟、温婉、柔和的气质特征；低明度色彩搭配具有深沉、安静、厚重、含蓄的感觉（图6-22~图6-24）。

图6-22　高明度色彩搭配

图6-23 中明度色彩搭配 　　图6-24 低明度色彩搭配

（3）纯度搭配

　　纯度搭配是指通过色彩中彩度差别进行配色，一般包括强纯度对比、中纯度对比和弱纯度对比。强纯度对比搭配是以鲜艳的色彩组合清晰度高的效果，也可以是彩度较高搭配彩度较低的组合，形成浓烈、华丽的效果；中纯度对比搭配是指互相搭配的彩度对比适中，其效果既统一又不失变化，具有温和、雅致的特点；弱纯度对比搭配是指互相搭配的彩度较低，具有对比差小，呈现含蓄、内敛等特征（图6-25～图6-27）。

图6-25 强纯度色彩搭配 　　　　　　　　　图6-26 中纯度色彩搭配 　图6-27 弱纯度色彩搭配

第二节 │ 服装图案设计

　　《辞海》中"图案"的释义是：为对某种器物的造型结构、色彩及纹饰进行工艺处理而事先设计的施工方案，制成图样，通称图案。狭义的图案，专指按照形式美的构成规律设计的平面纹样；广义的图案，指依附于建筑装饰、工艺美术、工业设计、服装设计等广泛领域的装饰纹样的预先设计的通称。图案有装饰性和实用性美术特点，其并非独立的艺术门类，须依附于其他载体来体现图案的美感。

图案属于一种装饰艺术，是将装饰和实用需求相结合的美术形式。图案常常把生活中的一些自然形象通过艺术加工处理，使其造型、色彩构成适合于实用和审美的一种设计图样或装饰纹样。不论是一个单独的装饰纹样，还是把纹样运用在具体的物体上，图案艺术特别注重通过线条、色彩和造型样式等，创造出一个美好的形象，带给人们视觉上美的享受，同时也培养了人们的审美情趣。图案强调表现对象的意趣和美饰效果，经常对物像的形态作夸张、简化与美化处理，这不仅需要敏锐的观察能力，更需要丰富的想象力。图案应用在现代服装设计中是艺术性与实用性相结合的产物，具有双重美感，需依附于服装造型款式或某个具体的结构部位，即依附于某种"形"之下反映实用艺术的视觉表达。

一、服装图案的分类

（一）按空间形式分类

按照图案在空间构成中的面的数量不同，可以分为平面图案和立体图案。平面图案以二维装饰为主，如服装中采用印、染、织、喷绘等工艺形成的图案；立体图案是构成三维空间的装饰图案，如采用立体塑型制作的人造花卉、以堆叠方式呈现的具有体块感的图形。平面的服装图案主要是指面料的装饰图案，不改变面料的平面形态；立体图案是对面料结构形态进行的再造而形成的装饰纹样，改变面料形态的同时增强视觉立体感（图6-28、图6-29）。

图6-28　服装中的立体图案　　　　　　　　图6-29　服装中的平面图案

（二）按构成形式分类

图案的构成形式是指图案组织安排的形式，服装图案按构成形式可分为独立式与连续式两类。独立式是指可以单独运用的完整形式，连续式是指一个单位纹样不断循环反复排列形成的图案。独立式图案具有一定的独立性，能单独起到装饰美化服装的作用；连续式图案是指在单独图案的基础上，将单独图案重复排列形成无限循环、连续不断的图案，如二方连续、四方连续等，能形成一定的节奏韵律感（图6-30～图6-32）。

图6-30　单独图案　　图6-31　连续图案　　图6-32　二方、四方连续图案

（三）按加工工艺分类

服装图案受到加工工艺的制约，不同的加工工艺有不同的图案特征。按照服装图案的加工工艺，服装图案可以分为印染图案、编织图案、刺绣图案、手绘图案、拼贴图案、绗缝图案等种类（图6-33～图6-37）。

图6-33　印染图案　　图6-34　编织图案

图6-35　手绘图案

图6-36　绗缝图案

图6-37　刺绣图案

（四）按题材表现形式分类

服装图案按题材表现形式可分为两大类，即抽象图案与具象图案。抽象图案包括几何图案、随意形图案、幻变图案、文字图案、肌理图案等；具象图案包括花卉图案、动物图案、风景图案、人物图案等。

抽象图案主要具有形态单纯、简洁、明了的特点，并富于某种规律性。抽象形态中的几何形、随意形、幻变形、变形文字、肌理的意外形，将这些形态以随意的色彩、放任线条、不和谐的分割、歪歪扭扭的形状，漫不经心地、不规则地装饰在服装上，体现出一种轻松、奇异、洒脱、别出心裁的风格。具象图案是指对自然及生活中可以看到的具体形态的模仿性表达，常采用花卉、动物、风景、人物等题材，具有多样性特点（图6-38、图6-39）。

图6-38　抽象图案

图6-39　具象图案

二、我国传统服装图案与现代服装设计

（一）传统图案的发展与应用

我国传统服装图案多以祈福纳吉的图案装饰为主，巧妙地运用人物、花鸟鱼虫、飞禽走兽、日月星辰、神话传说等题材，通过借喻、双关、谐音、象征等手法使图形与吉祥寓意完美结合。在服装中运用吉祥图案起始于商周，发展于唐宋，鼎盛于明清。明清时期的服装图

案讲求图必有意、意必吉祥，表现以织锦图案、印染图案、刺绣图案最为多见。

1.织锦图案

织锦是我国传统高级多彩提花丝织物，有蜀锦、宋锦和云锦三大名锦，最具民族特色的蜀锦使用单色或者加入金线织成团寿、团龙、万字纹等图案，表达了人们对美好生活的祈求与祝福；宋锦以折枝花卉图案为主，将写生花卉转化成缠枝莲花或穿枝牡丹，广泛应用在服装中；云锦用料考究，图案多为云纹穿插龙凤纹、如意纹等，装饰效果富丽精美（图6-40）。

图6-40　织锦图案

2.印染图案

中国印染工艺历史悠久，种类繁多，以蓝印花布、扎染和蜡染最为常见。蓝印花布又称靛蓝花布，分蓝底白花及白底蓝花两种，图案装饰以人物、走兽、禽鸟、鱼虫为主，花卉植物常作为辅助图案。扎染在唐宋时期比较盛行，其图案寓意吉祥，应用在服装上装饰性极强。蜡染的图案装饰内容多以花鸟鱼虫和几何形为主，由于其特殊的工艺形成自然变化的"裂纹"，又被称为"冰裂纹"，冰裂纹是蜡染艺术所特有的肌理图案效果，将实用性与审美性紧密地结合在一起（图6-41～图6-43）。

图6-41　蜡染　　　　　　　　图6-42　扎染　　　　　　　　图6-43　蓝印染

3.刺绣图案

刺绣是我国民间传统手工艺之一，按照预先设计的花纹、色彩，在面料上用彩线运针，以线的轨迹构成图案。刺绣工艺表现的服装吉祥图案题材极为广泛，包括龙、凤、虎、鸟、神兽、珍禽、花草等，在起到美化修饰的作用时还有美好的寓意，通过多种刺绣针法呈现出精美的刺绣纹样（图6-44）。

图6-44　刺绣图案

（二）传统图案与现代服装设计的关系

服装图案的产生与发展满足了人们视觉上、心理上装饰美化自我的需求，服装图案构成符合形式美法则，反映与之同时代的社会文化内涵。图案设计是服装设计中重要的装饰设计元素，传统图案与现代服装设计的结合，是将丰富的传统文化与现代文化有机结合，树立文化自信，强化民族认同感，满足人们对传统文化艺术的追求。传统图案蕴含着我国历史悠久的文化神韵，是现代设计取之不尽、用之不竭的源泉，对弘扬民族传统文化，促进各国文化的相互交流起到积极的推动作用。服装设计过程中使用传统图案需"取其形、延其意"，赋予传统图案灵活性、创新性及时代性，融入流行元素，体现传统与现代相结合的新时尚（图6-45）。

图6-45 传统图案与现代设计相结合

三、服装图案装饰部位及作用

（一）边缘装饰

边缘装饰是指在服装的门襟、领口、袖口、口袋边、裤侧缝、肩部、臂侧部、体侧部及下摆等部位进行装饰，这些部位的装饰由于外边缘的造型大多是条状形，所以应用的带状装饰比较多见，也就是我们常说的二方连续纹样。除此之外，还可以应用条形的单独纹样进行装饰，也会取得不错的效果。有些特殊部位的边缘装饰如领口或者下摆的部位，可以根据服装的结构造型，适当地选择不规则纹样（图6-46～图6-48）。

图6-46 领口部位图案装饰

图6-47 门襟底摆处图案装饰

图6-48 侧缝处图案装饰

（二）中心装饰

中心装饰主要是指对服装边缘以内的部位，如胸部、腰部、腹部、背部等进行装饰。对于这些部位的整体装饰，可以选择完整的单独图案，如T恤正面中心的装饰，可以选择完整的动物、人物或者卡通图案等。中心装饰还可以将服装的整片作为装饰区域，采用规则的四方连续纹样或者不规则图案纹样按照一定规律进行排列；背部装饰可采用比较完整的大面积的纹样进行装饰。中心装饰有传统纹样的装饰，也有现代纹样的装饰，要根据整体服装的风格来确定装饰纹样的风格（图6-49、图6-50）。

图6-49　中心单独图案装饰

图6-50　中心大面积图案装饰

（三）图案装饰的作用

　　服装图案通过修饰、点缀表现服装美感，使原本单调的服装在视觉上产生层次、色彩的变化，来强调服装本身的个性。图案的修饰、美化要以不破坏服装的整体风格为原则，充分渲染服装的艺术气氛、提高服装的审美情趣。服装图案在服装中能起到强化、醒目、引导视线的作用。设计师为强调服装的某种特点或有意突出穿着者身体的某一部位，往往运用强烈的对比吸引人们的视线，或运用带有夸张意味的图案进行修饰，以达到事半功倍的效果。对不完美、不平衡而言，弥补和矫正也是一种美化，服装设计师通常利用服装图案强调或削弱服装造型及结构上的某些特点，借助服装图案自身的色彩对比与形象造型，产生一种"视差""视错"的错觉，以掩饰着装对象形体的某些缺憾或弥补服装本身的不平衡、不完整，使服装与着装者更和谐（图6-51、图6-52）。

图6-51 装饰图案丰富单一的款式造型

图6-52 图案修饰体现服装美感

四、服装图案素材收集及设计方法

（一）图案素材的灵感来源

服装图案的造型与表现建立在素材的积累与灵感闪现的基础上，自然界的色彩丰富，变幻无穷，不仅为创作提供了用之不尽的素材，也为图案设计提供了取之不尽的美的形式。运用数学逻辑思维方法进行构思，如运用排列组合、递增、递减等手段，按特定的比例关系形成几何形的变化从而形成不同图案。运用纵剖面、横截面、解构等手法制造成物体变化和变形重新组合而成的图案，这种设计方法表现了现代构成中分解、组合的特点。运用物理手段变化的构思将物体挤压、弯曲、旋转、折叠等造成的变形现象构设成图案；运用光学原理，如多棱镜、万花筒形成的透视、错视、幻觉和变形的图案，通常借助计算机处理形成具有酷炫梦幻效果的图案（图6-53～图6-56）。

图6-53　受大自然启发的图案设计

图6-54　运用数学排列组合图案的设计　　　图6-55　运用光学原理设计而成的图案

除此之外，丰富多样的姊妹艺术也是图案设计灵感来源的宝库，博大精深的中国传统文化具有丰富的内涵，民间艺术中的剪纸、风筝、脸谱、彩陶纹样等都能给图案设计以启发，成为图案设计的造型元素。现代风格插画、国外的古典名画及现代抽象绘画、涂鸦等不同艺术形式可产生不同的感官效应，都可以作为服装图案设计的参考（图6-57、图6-58）。

图6-56 运用物理手段构思而成的图案设计

图6-57 汲取中国传统艺术的图案设计

图6-58 汲取现代绘画艺术的图案设计

（二）服装图案的设计方法

1.归纳

归纳指运用提炼概括的手法，去掉细枝末节保留最有特征的部分，分为夸张归纳与简化归纳。夸张归纳即对特征部分进行夸大的设计，使特征更加明显。与漫画的夸张手法相比，服装图案造型的夸张是一种美化的夸张，目的是凸显装饰效果、突出物象特征。往往强调物象的某一方面，如线条、形态、动作等，无论是人物、动物还是植物花卉，都包含了自身特征，夸张的设计就是提取其主要特征进行放大与变化形成视觉中心。简化归纳与夸张归纳相反，其依据物象的主要特征，将复杂的、具体的形象进行简化，但需要注意在简化过程中，应提取凝练其中心元素，不能失去或模糊原本物象的表象特征（图6-59）。

图6-59　归纳设计

2.添加

添加是造型装饰化的一种常见手法，有同一素材的添加与不同素材的添加。以一个花型单位为例，添加相适应的素材，向外使其"节外生枝"，向内使其"枝中有节"，这种方法要求添加的部位恰到好处，要自然而美观。另一种方法是在装饰形的内部或形与形之间的空隙填充装饰花型。客观具象的形态，通过主观的处理，运用添加的手法可以创造出丰富的装饰形象。如佩兹利纹样中典型的松果纹，其保留松果的外形特征，内部添加变化丰富的纹样，在不断的创新发展中成为经典（图6-60）。

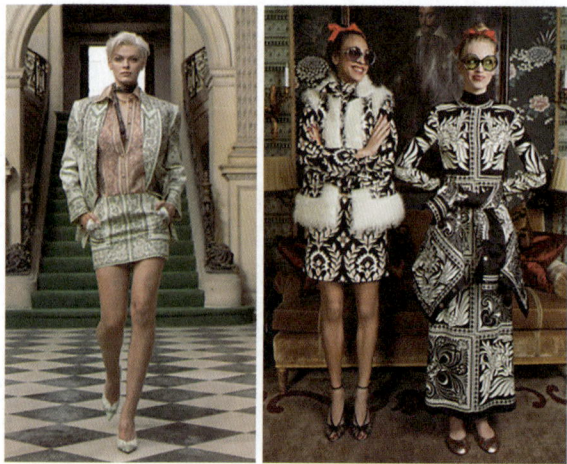

图6-60　变化的佩兹利纹样设计

3.组合

组合是一种主观形式的设计方法，由单个相同的形、相似的形，或是相关联的物象形态有规律或非规律地组合，有共用组合、分解组合、象征性组合等形式。共用组合是指多个造型重叠而成的一个新形象，把不同时间、空间中的物象组合在一个画面里达到主观寓意上的完整性，如日月同辉纹样、四季花卉纹样、莲花莲蓬莲藕组合纹样等。分解组合是先打散再重新组合的方法，分解可以是机械的切割分解，也可以是物象结构的分解（图6-61）。

图6-61　图案的组合设计

思考题

1. 结合案例分析说明服装色彩创意组合遵循的审美法则。

2. 分别以冷色调、暖色调各设计系列服装（6套），突出上下装及配饰的色彩搭配关系。

第七章

服装面料再造

P A R T 7

课题名称 | 服装面料再造

课题内容 | 服装面料基础知识及面料再造特点
　　　　　 服装面料再造方法

课题时间 | 16 课时

教学目的 | 通过对服装面料基础知识、服装面料再造特点、服装面料再造方法的介绍，
　　　　　 使学生了解服装面料再造的重要性，掌握不同面料色彩、纹样、肌理及材
　　　　　 质的创意组合方法。

教学重点 | 1. 通过对面料原始组织进行改造，使其原有的纹样、色彩、质地及肌理发
　　　　　　　 生变化，从而形成新的艺术效果。

　　　　　 2. 通过面料再造的训练，帮助学生树立"衣"意识，培养面料敏感度，拓
　　　　　　　 宽创造空间，锻炼横向与纵向系列设计能力。

服装面料再造又称为面料二次设计，指通过各种技术手段对面料原始组织进行改造，改变其原有纹样、色彩、质地及肌理，形成新的艺术效果。面料、色彩、款式是服装设计的三大要素，在服装设计中，面料对增加细节、丰富装饰、提升整体美感影响较大。不同色彩、不同加工方式、不同质地的面料，呈现的视觉效果不同。随着时代的进步、科技的发展，设计师逐步通过面料再造提升服装的表现效果，突破传统的机织物与针织物等面料进行服装创新设计。面料再造在充分了解面料特性的基础上，对现有面料进行二次设计加工，运用新的设计思路和再造技法对原有面料进行装饰、重组或再造，改变面料原有的形态、肌理或质感，提高服装的艺术效果。

第一节 | 服装面料基础知识及面料再造特点

一、服装面料基础知识

（一）服用材料种类

1.天然纤维

天然纤维是自然存在的可纺的纤维，具有一定强度、柔韧度和弹性。天然纤维主要有棉、麻、丝、毛四大类。

2.合成纤维

合成纤维是指以天然或人工合成的高分子聚合物为原料，经过特定加工制成的纤维，主要分为再生纤维素纤维和合成纤维两大类。

3.非纺织布

非织造布又称无纺织物，是一种由纤维层构成的织物，也是将纺织短纤维或者长丝进行定向或随机排列，形成纤网结构，经过机械或化学方法加固而成。

（二）常见服用材料主要性能

1.棉织物

棉织物是以棉纤维为原料的织物，具有穿着舒适、手感柔软、无静电、吸湿透气、保暖性较好等特点。

2.麻织物

麻织物具有吸湿放湿速度快、抗断裂强度高、断裂拉伸小、不易产生静电、热传导率大等特点。麻织物服装穿着后有凉爽感，出汗后不贴身、较耐水洗等优点。

3.丝织物

丝织物有光泽，外观华丽，具有良好的触感，柔软、轻盈、平滑且吸湿透气，有较好的弹性，拉力强。

4.毛织物

毛织物是采用羊毛或其他动物毛为原料，或羊毛与其他纤维混纺而成的织物。毛织物光泽柔和，手感软糯有弹性，有较好的保暖性能。

5.涤纶织物

涤纶织物具有较强的弹性，坚固耐用，抗皱保形性较好，吸湿性较小，易洗快干，但透气性差，穿着会有闷热感。

6.腈纶织物

腈纶织物具有较好的弹性和蓬松度，保暖性、耐热性较好，手感柔软丰厚，但吸湿性和耐磨性较差。

7.锦纶织物

锦纶俗称尼龙，具有较好的耐磨性和较高的强度，质量较轻，是登山服、运动服、羽绒服等品类的常用面料。

8.氨纶织物

氨纶强度较高、弹性优异，耐酸碱性、耐汗、耐磨。日常生活中比较常见的氨纶织物主要有泳衣、运动装、紧身服、护身带及鞋底等。

9.丙纶织物

丙纶织物具有易洗快干、挺括、耐磨、耐腐蚀、吸湿性小、舒适性差、价格低等特点。

二、服装面料再造的特点

面料是服装重要的表现因素之一，是服装的设计主体。面料的选择对服装造型起着较为重要的作用。通过面料再造形成丰富的外观与性能，能够激发设计师的创作灵感，成为概念表达的重要途径，从而赋予服装产品更多新体验、新感知，提升服装产品的附加值。同时，面料再造打破了传统纺织品工艺的单一性，弥补了纺织花色品种开发的不足，对面料的开发有一定的引导作用。通过面料再造的训练，能够帮助设计师树立"衣"意识，培养面料敏感度，拓宽创造空间，锻炼横向与纵向系列设计能力。常见面料的肌理和质感是固定不变的，而面料再造则不同，面料再造具有不确定性与原创性特征，技法与材料的多样性导致面料再造具有丰富的视觉效果与肌理变化。面料再造应用于服装设计中，通过款式与面料再造的融合增强服装的表现力，丰富服装的设计手段，提高服装美感。

（一）增强服装装饰性

　　面料再造的技法种类繁多，设计师结合其独特的审美理念，灵活运用各种技法，利用材料本身的特性，将其按照特定的规律叠加在服装之上，形成不同的装饰效果。例如，利用不同材质的材料组合成图案，将原本单一的面料变得更具装饰性。服装面料再造具有很强的装饰性，设计师通过各种技术手段，使面料从质感、色彩、构成形式等方面都展现出不可复制的美感。面料的再造灵感来源丰富，设计语言多样，感染力强，并随着科技和社会的发展而不断发展。

　　中国设计师郭培2018高定系列中将丰富的装饰材料，如亮片、刺绣、金箔、水晶、贴花等，进行规律叠加，形成华丽精致的装饰图案，利用多种立体花朵造型与竹藤编织成花木枝干，增强了服装整体的装饰性与视觉冲击力（图7-1）。黎巴嫩设计师艾莉·萨博（Elie Saab）的高级定制中，将不同材质的面料进行拼接，并搭配水晶、羽毛、珠片等装饰材料，辅以刺绣等，在服装上形成装饰图案，增加了服装的装饰性与美感（图7-2）。

图7-1　郭培2018高级定制

（二）丰富设计多样性

　　由于面料再造技法与材料的多样性，使面料再造形态和面料肌理变得十分丰富。常见的面料再造形态有皱褶、堆积等。面料肌理有浮雕、镂空、做旧等。在设计过程中，单一技法、单一材料、多

图7-2　艾莉·萨博高级定制秀场发布

种技法、多种材料的不同组合可以创作出完全不同的面料效果。面料再造具有极强的可塑性与多变性，应用于服装设计中，既丰富了设计的多样性，又凸显了设计师的想象力与创作力。面料再造所产生的"新材料""新效果"有利于服装设计师开拓想象力，启发思维，在设计过程中萌发新想法、新创意。在面料再造中，可以将面料进行切割、分解、重组处理，各种面料有着各自不同的强韧度、伸缩性、光泽性、温暖性、厚重性、通透性，以及不同的肌理等特征和性能，不同的材料会有相应于其性能的加工方法，同一种材料使用不同的加工方法后会产生多种肌理变化。例如，经纬不同颜色的交织面料，在使用局部切割翻转和抽丝工艺后出现两种以上的色彩变化，绒类织物在改变顺倒方向时会产生明暗的变化，透明度好的丝、纱类织物层叠时会显现朦胧、含蓄、丰富的色彩。毛皮、皮革类有自然的肌理和图案，是很好的设计材料。另外，饰品在服装设计中也很重要，起着画龙点睛的作用，一般以点、线形态出现，如各类花边、毛线、绳、彩绳、珠片、贝类、石材、拉链、羽毛、扣子等，这类材料一般用于点缀、装饰底布，能使底布呈现全新面貌。

日本设计师川久保玲利用面料不同形态的变化来丰富设计，如将薄纱面料通过多层缠绕将服装轮廓包裹成球形，边缘处搭配褶皱形态面料打破单一的线条轮廓感，薄纱面料内侧以不规则褶皱面料进行填充。设计师利用不同的面料再造技法，将两种面料的不同形态融合在一起，起到丰富设计的作用（图7-3）。二宫启（Noir Kei Ninomiya）在其服装作品中擅长利用缠绕、扭转等方式改变面料形态，将塑料、针织物、线性流苏等材料围绕人体进行有规律的排列组合，以不同质感的材料丰富设计（图7-4）。

图7-3 川久保玲设计作品

图7-4　二宫启设计作品

（三）满足消费者个性化需求

社会和经济的不断发展带动了消费者生活水平和审美意识的提升，人们对服装的原创性与个性化有了更高要求。面料作为服装设计的载体，对服装设计师的灵感与创意有着直接影响。面料再造通过工艺、图案、色彩、造型的结合使服装更具韵律感、浮雕感、立体感、构成感，赋予服装艺术、审美等诸多形态。面料再造可充分利用艺术创意与相应的技术手段进行创造，产生新奇、独特、不易复制的效果，使再造后的面料呈现崭新外观，不仅使设计师摆脱原材料对设计思路的约束，从新的角度塑造服装，使服装的形式更加多样化，还能使普通的面料经过创意组合，给消费者带来不同的心理效应和审美感受。为满足消费者对服装日益增强的个性化需求，设计师通过面料再造不断挖掘创新的可能性，探索服装设计的新方法。面料再造利用不同的技法和材料，以多变的服装风格和独特的面料肌理吸引消费者，满足消费者日常穿着的功能要求和个性化的追求。

第二节 ｜ 服装面料再造方法

服装面料再造是指根据设计需要，在成品面料的基础上，通过物理及化学手段进行二次处理，使面料肌理、外观形态发生改变的过程。面料再造在服装设计过程中借助不同的处理技法来改变面料的原有特征。面料再造技法种类繁多，主要有加法处理法、减法处理法、变形处理法、面料的立体塑形法及综合设计法。加法处理法通过对面料和材料做加法，增加面料的层次感，从而丰富面料表层肌理；减法处理法是利用物理手段或化学药剂破坏面料完整的纤维组织，使面料呈现一种缺憾美，随机性强；变形处理法是借助外力的影响，使原本平整的面料呈现立体化效果，提升空间感与层次感；立体塑形法能够使再造后的面料表现出一种较强的体积感和量感，可极大地渲染服装造型的表现力；综合设计法灵活运用多种设计手法使面料表现更丰富。

一、加法处理法

加法处理法是指为了设计概念的需要，设计者通过不同的工艺手法，改变原来面料表面的触觉和视觉肌理形态，形成浮雕和立体感，或者通过附加同质、异质或特殊材质丰富面料的表面形态。

（一）附加同质、异质及特殊材料

1.附加同质材料

在不改变面料大型的基础上，附加同色或异色、不同肌理的常用面料，包括机织面料、针织面料、天然毛皮和人造皮革等形成立体的效果（图7-5、图7-6）。

图7-5 附加同质材料的学生作品

图7-6　附加同质材料秀场作品

2.附加异质材料及特殊材料

附加异质材料主要包括刺绣、镶钻、缀绣等。镶钻不使用纤维线，不形成完整纹样，借助其他的手法来完成整幅纹样或肌理，或以抽象纹理为主，一般在局部点缀。附加特殊材料主要指附加一些非常用物质，来构成面料丰富而独特的肌理效果（图7-7、图7-8）。

图7-7　附加特殊材料的学生作品

图7-8　附加异质材料秀场作品

（二）印染与手绘工艺

印染是指在轻薄的织物上制板印花，把设计者的创作意图直接印制在面料表面，具有独特的艺术效果，灵活便利、易于操作（图7-9）。

图7-9　印染服装

数码喷绘是指图案通过计算机进行设计，可以随心所欲，充分体现设计师的个性。通过数码喷绘技术印出来的图案色彩丰富，其可进行20000种颜色的高精细图案的印制，并且大大缩短从设计到生产的时间，做到单件个性化的生产（图7-10）。

图7-10　数码喷绘服装

　　扎染是一种先扎后染的印染工艺。通过捆扎、缝扎、折叠、遮盖等扎结手法，使染料无法渗入所扎面布的一种工艺形式。蜡染是一种印染工艺，是将蜡融化后绘制在面料上封住布丝，从而起到防止染料浸入的一种形式（图7-11）。

图7-11　蜡染、扎染服装

　　蓝印花布是一种曾广泛流行于江南民间的古老手工印花织物，具有朴拙幽雅的文化韵味。蓝印花布采用全棉、全手工纺织，全天然植物染料，通过刻板、刮浆印染工艺，精心制作而成，具有浓郁的乡土气息。不仅蓝白分明，而且质地纯朴、品格高雅、端庄秀丽（图7-12）。

图7-12 蓝印花布服装

手绘一般在成衣上进行，运用毛笔、画笔等工具蘸取染料或丙烯颜料按设计意图进行绘制，也可用隔离胶先将线条封住，待隔离胶干后，用染料在画面上分区涂色，颜色可深可浅、可浓可淡，较有特色。手绘的优点是如绘画般地勾画和着色，对图案和色彩没有太多限制，只是不适合大面积涂色，否则涂色处会变得僵硬（图7-13）。

图7-13 手绘服装

（三）压印绗缝

压印是指将板料放在上、下模之间，在压力作用下使其材料厚度发生变化，并将挤压外的材料，充塞在有起伏细纹的模具形腔凸、凹处，而在工件表面得到形成起伏鼓凸及字样或花纹的一种成形方法。例如，目前用的硬币、纪念章等，都是用压印的方法成形的（图7-14）。

图7-14 压印服装

　　绗缝是指先缝后绗，绗缝的构成在布块、图案上不断转换。运用先进的电脑绗缝技术，绗缝轨迹图案优美灵活，与绣花或拼花图案完美结合，不管填充物厚薄均适宜，给人以轻、软、暖、美的舒适感受（图7-15）。

图7-15　电脑绗缝服装

　　经精心设计的手工绗缝制品，以各种全棉印花布镶拼成美丽的图案或附加绣花和其他工艺，完全以手工一针一线绗制，使人充分感受到手工的亲切与纯朴（图7-16）。

二、减法处理法

　　减型处理法又称破坏性设计，是指破坏成品或半成品面料的表面，使其具有不完整、无规律或破烂感等特征，具有空透或破烂的残缺美。按照设计构思对现有的面料进行破坏，如镂空、烧花、烂花、抽丝、剪切、磨砂等，形成错落有致、亦实亦虚的效果，组合成各种极富创意的作品，形成凹凸、交错、连续、对比的视觉效果。一般选择剪切后不易松散的面料，如皮革、呢料；而对于纤维结构松散的面料一般不采纳此种设计手法，在无法避免的情况

图7-16　手工绗缝服装

下，需在面料边沿进行防脱防散的加固处理。用剪、烧、烙等镂空手段去除面料局部，形成抽象或具象图形的镂孔、挖洞、挖花效果；用剪切、切割、撕扯、磨损等手段来改变面料样貌，形成破碎残缺感。通过撕扯可使面料边缘形成须状、随意的肌理效果。通过水洗、砂洗、石磨、漂染等做旧手段使面料呈现磨旧、褪色样貌，体现出陈旧的风格（图7-17、图7-18）。

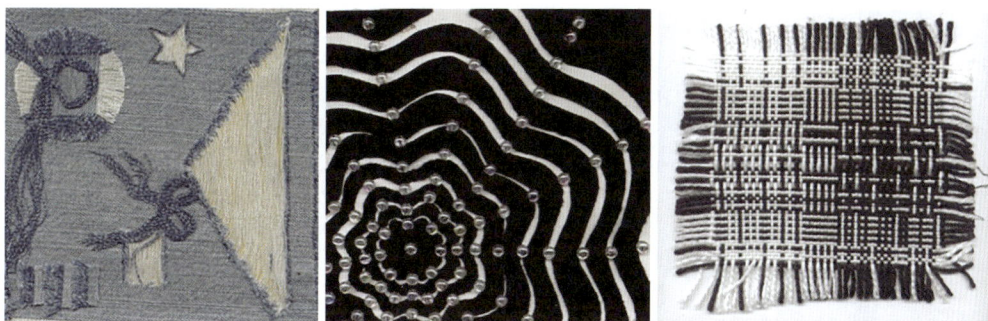

图7-17 减法处理法面料再造学生作品

图7-18 减法处理法的面料再造

三、变形处理法

变形处理法是对传统缝制工艺的新诠释，融合了设计师独特的设计理念和高科技手段，与单一的面料印染设计处理截然不同，它旨在创造一个不同视觉效果的抽象空间，如褶皱、编织等再造手法。褶皱，是一种极具代表性的结构性再造手段。无论是强调次序的传统褶皱艺术，还是追求自由的现代化褶皱艺术，都是通过形成凹与凸的肌理对比，给人以强烈的视觉冲击。编织，是将不同的织物剪切成布条或缠绕成绳状后，再通过编、织、钩、结等手段组成极具韵律空间层次的再造方式，它属于常见的变形手段之一。运用该再造手段时要注意分析织物本身的特点，不同特点的织物加工方法不同，并且对最后编织出来的纹理能否达到疏密、宽窄、凹凸等艺术效果起着决定性作用（图7-19、图7-20）。

图7-19 变形处理法面料再造学生作品

图7-20　变形处理法秀场作品

四、立体塑形法

通过皱褶、折裥、抽缩、堆积等来改变面料原来的肌理，但并不添加其他材料。采用添加手法，或通过改造后表现出一种较强的体积感和量感，极大地渲染了服装造型的表现力，使服装的语言变得更加丰富，更具感染力。具体表现形式有抽褶法、填充法、堆积法、折叠法、面料重置法等（图7-21、图7-22）。

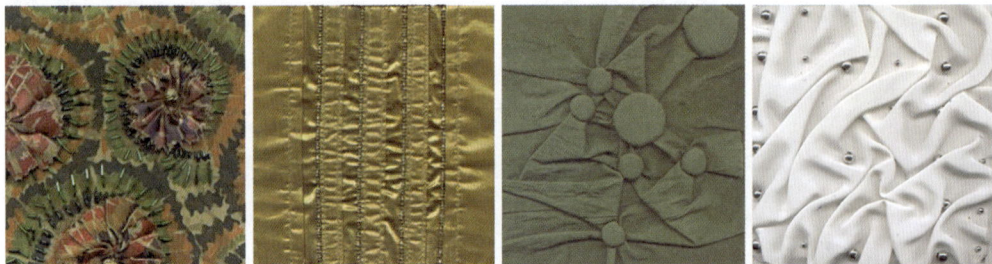

图7-21　立体塑形法面料再造学生作品

图7-22　立体塑形法面料再造

五、综合设计法

在进行服装面料再造设计时往往采用多种加工手段，如剪切和叠加、绣花和镂空等同时运用，灵活地综合运用多种设计表现手法使面料表情更丰富，创造出别有洞天的肌理和视觉效果（图7-23、图7-24）。

图7-23 综合设计法面料再造学生作品

图7-24 综合设计法面料再造

○ 思考题

1. 结合案例分析说明面料再造的方式。

2. 分别以加法、减法、综合设计的方法进行面料小样再造（每一种方法10款）。

第八章

服装风格

P A R T 8

课题名称 ｜ 服装风格

课题内容 ｜ 民族风格

前卫风格

后现代主义风格

未来主义风格

超现实主义风格

课题时间 ｜ 24 课时

教学目的 ｜ 通过对主要服装风格的介绍，使学生了解不同的服装风格产生的时代背景、

特征及代表设计师，掌握不同服装风格的设计方法。

教学重点 ｜ 1. 掌握几种主要服装风格的设计特点及表现形式。

2. 从多种服装风格中提炼设计要素，运用恰当的设计语言将其融入现代服

装设计中，启发设计思路，开阔设计视野。

服装风格指一个时代、一个民族、一个流派或一个人的服装在形式和内容方面所显示出来的价值取向、内在品格和艺术特色。服装设计追求的境界说到底是风格的定位和设计，服装风格表现了设计师独特的创作思想和艺术追求，也反映出鲜明的时代特色。如今，服装款式千变万化，形成了许多不同的风格，有的具有历史渊源，有的具有地域渊源，有的具有文化渊源，以适合不同的穿着场所、不同的穿着群体、不同的穿着方式，展现出不同的个性魅力。

<h1 style="text-align:center">第一节 │ 民族风格</h1>

民族风格是指设计师从世界各国民俗文化及民族服饰元素汲取灵感，借鉴其中的色彩、图案、款式等，融入现代设计理念，借助新材料进行创作的服装风格。如近几年流行的中国风、波西米亚风格等，具有鲜明的民族特色的服饰能够为现代设计提供源源不断的设计灵感。我国是一个多民族国家，分布在我国各个地区的民族服装款式丰富、特征显著，为现代服装设计提供了大量的素材，拓展了现代服装的设计体系。

一、款式特征

民族风格的款式特征大致分为窄衣型和宽衣型。窄衣型是采用西方礼服X廓型、A廓型设计，显露人体自然形态。与窄衣型相对的是，以东方民族服装为蓝本的设计，大都采用H廓型、O廓型，不显露人体自然曲线，通过平面式裁剪进行款式造型，较少采用分割线，表达了东方式的美学意蕴。

二、色彩图案特征

整体而言，民族风格服装色彩鲜艳，多以动植物、几何图案为主。由于民族间地域文化的差异，服装色彩会体现各自不同的特点，如南方地区色彩较浓烈奔放，北方地区总体色彩较单一古朴，辅以饱和度高的图案、纹样进行美化，形成较强的装饰效果。

三、面料特征

民族风格服装多以天然纤维织物为主，大都采用传统工艺制作而成的布料，如印度尼西亚古老的巴蒂克蜡染布、中国的莨绸等。同时又借助多种工艺和面料组合搭配，如利用流苏、刺绣、镶边、缀珠等形成浓郁的装饰效果。

四、设计师代表

张肇达的时装设计将中国的民族传统元素与现代设计进行了完美结合，展现了中华民族传统服装与现代时尚融合的魅力，以敦煌、故宫、江南水乡和西双版纳的民族传统文化为主题，继承民族服饰传统，寻觅中华传统文化之魂，表现中华民族生生不息的民族精神，在设计中加以运用与创新，表达了"兼容并蓄、海纳百川"的博大胸怀及气质。大量采用了中国传统的打皱、排褶、钉珠、镶花等传统工艺设计手法，配以极具民族特色的中国红、赭石褐等厚重色调，结合西式晚装的解构变形，向世界递上一张风格鲜明的中国"文化名片"（图8-1）。

图8-1　张肇达服装设计作品

　　张义超将浓墨重彩的"非遗"创意融入了设计作品中，立足"科技、时尚、绿色"的产业发展品牌定位，将"花前下鞍马，草上携丝竹"的中式元素与简洁流畅的现代廓型相结合，以中国传统文化为筋骨，挖掘中国传统美学、自然风貌、服饰技艺、可持续时尚的精髓，讲述古典与现代的交融与升华、时尚设计与东方元素的完美相融，带给大众不一样的思考和视觉碰撞。张义超一贯坚持自己的设计理念和设计风格，以浓重的服装色彩和传统图案为载体，寄托将要表达的设计主题和创作情感。将那些散落在历史长河的传统元素，如书法、脸谱、皮影、竹简、剪纸、篆刻、茶、诗词等运用于设计中，向世界讲述中国设计的时尚之美（图8-2、图8-3）。

图8-2　张义超服装设计作品

图8-3　张义超2019荣昌夏布女装发布

第二节 ┃ 前卫风格

一、产生背景

20世纪60年代，西方社会丰裕的物质文化、社会价值观念的急剧改变，使年轻一代思想上动荡不安，传统的文化形态、价值观念、思想意识乃至整个社会的思维方式都发生了很大的变化，一切都崇尚与以往不同，标新立异成了社会的主要取向。在这种背景下，服装设计丢弃了传统的优雅，充满了叛逆与古怪。

二、主要特征

前卫风格服装打破了传统样式的形式美，设计夸张、叛逆。前卫风格服装主要受波普艺术、抽象艺术等艺术思潮的影响所产生的一种服装风格。主要包括嬉皮风格、摇滚风格、朋克风格等。

西方社会在20世纪60年代充斥着动荡，人们的着装观念发生着巨大变化，嬉皮运动的爆发促使了嬉皮风格服装的流行。嬉皮风格服装整体显现出叛逆与夸张。在服装结构上采用东方式直线裁剪，自由松散；同时融合了部分东方民族元素，如手工印染、系扎、流苏等元素。除此之外，破旧的似未完成状态也是嬉皮风格服装的重要特点，体现当时嬉皮士对工业的愤恨与蔑视。在嬉皮运动的热潮下，年轻人追求随意、自由、纯朴的穿着，如扎染的T恤、牛仔裤、大披肩等（图8-4）。

图8-4　嬉皮士风格服装

摇滚风格服装在摇滚乐的影响下，呈现较强烈的金属感，以黑色皮装、铆钉、流苏等元素装饰展现。摇滚风格服装成为年轻人表达自我价值追求、追逐狂野梦想的代名词。带铆丁的皮夹克、紧身裤、马靴等是他们日常的服饰（图8-5）。

图8-5　摇滚风格服装

朋克风格服装是随着朋克音乐的出现而发展起来的，其主要特质是零碎破烂、不对称拼凑。朋克风格服装常使用金属别针、金属链条等金属制品来装饰服装，对传统的美学规则具有一定的破坏性。文身、金属挂链、铆钉、身体部位的穿孔等都是朋克风格的代表。朋克由摇滚而衍生，但比摇滚更为反叛而颓废，具有极强的破坏性。如不合体的破烂牛仔裤，带有铆钉及各种金属挂件做装饰的皮夹克、T恤上的涂鸦文字或图案等，都体现了其颠覆传统的审美观念（图8-6）。

图8-6 朋克风格服装

三、设计师代表

被誉为"朋克之母"的英国设计师维维安·韦斯特伍德（Vivienne Westwood），被称为20世纪最具有创新精神的设计师之一。维维安·韦斯特伍德把朋克这种街头服饰逐步发展成一种服装风格，颠覆了传统时尚美学，将这种反时尚的样式逐步引入高级时尚舞台。不规则的剪裁、夸张繁复的结构、无厘头的穿搭方式、不同材质和花色的对比搭配等，如紧身胸衣、厚底高跟鞋、经典苏格兰格纹、无规律拼接、粗糙的缝线、各色补丁等前所未有的"时装设计"都是对传统高级时装的彻底否定。用反传统的方式来冲击服装美学成为其独特风格，对传统时髦的藐视，对传统美的摒弃，却使这种反时髦反时尚的样式成为一种新的时尚。维维安·韦斯特伍德将叛逆融入作品中，以冲突为美，体现着强烈的对比，表达了大胆的创造力（图8-7）。

图8-7

图8-7 维维安·韦斯特伍德高级时装发布

第三节 | 后现代主义风格

一、产生背景

后现代主义是一场发生于20世纪60年代，流行于七八十年代的西方艺术、社会文化与哲学思潮，其本质是一种知性上的反理性主义、道德上的犬儒主义和感性上的快乐主义。后现代主义是人们在经受高度单一化的国际风格营造出的单一社会生活环境时，对前工业社会的生活方式和生活环境的怀念和追忆，是人们重新呼唤文化愿望的觉醒。这一时期的时尚设计开始对现代主义风格进行反思、反叛，并积极探索，试图在现代主义设计的基础和结构之上，找到适合新时代审美需求的服装风格。

二、主要特征

（一）解构

著名服装学者凯洛琳·米尔布克在其著作《时装，伟大的创造者》中写道："解构主义时装最显著的特点是在身体与时装之间保留空间……服装不再是穿着者身上的第二层皮肤。"受后现代主义思潮影响，解构服装设计中否定传统的结构和观念，对事物的原有架构进行有目的的分解与重构，使事物呈现出与原来事物完全不同的特质。解构代表着秩序、稳定、恒久；而解构代表着散乱、无中心、无秩序、不确定性、变化。解构的过程是分析基本元素、寻找有机关系的过程。后现代服装中解构是指从传统的款式构成分解重组出新的服装结构，通过拆解服装的各个组成部分重新组合服装，在分解原有服装结构之后进行拼贴，颠覆领子、袖子、口袋等服装零部件与衣片之间的传统依附关系和位置，组成完全不同的风格。解构派的倡导者重新界定了传统缝纫法和成衣技术的概念。

（二）混融

混融是指后现代主义风格服装将古典服饰及民族服饰的多元技法和现代服饰"为我所用"拼凑在一起形成的设计风格。混融将古典与现代、东方宽衣模式与西方立体裁剪等综合，表现后现代服装的复杂性、多样性。在经济全球化、信息一体化的现代社会里，后现代主义服装设计打破了原有的传统理念和民族特征，将传统服装脱离原有情境、原有文化内涵，糅合成一个有机整体服饰符号。

（三）戏谑反讽

后现代主义服装不再寻求服饰背后形而上的意蕴，而是采取戏谑和反讽的方式消解古典或现代服装中的宗教伦理等。后现代主义服装注重加强人们生理和心理的情感联系，追求残缺的、滑稽的、怪诞的美。后现代主义服装由于自身的抽象性给人以最大限度的想象空间，因此后现代主义服装总是充满了戏剧性。后现代主义的服装设计师在设计细节中采用调侃手段，以强调非理性的因素来达到一种设计中的轻松，他们的设计以高度娱乐、戏谑的方法表现一种玩世不恭的样貌，达到与正统设计完全不同的效果。

三、设计师代表

出生于工人阶级家庭的马克奎恩，自幼深受街头文化的影响，他将这些街头文化融入高级时尚的设计中。亚历山大·马克奎恩的时装设计作品以兼具感性力量和原始野性而著称，同时充满着浪漫气息，对当代自然界的关注是其设计特色之一。马克奎恩的时装作品的典型性之一是将一些冲突矛盾的元素并置，赋予它们相等的分量，巧妙地运用传统与现代的对比形成对立统一的效果。其作品充满着对艺术的敬仰之情，将英国传统定制时装的技术、法国高级时装工作室的精美工艺、意大利时装无可挑剔的制作整理技术完美且极有深度地融合在一起，形成了极具鲜明时代特色的后现代主义服装风格。

马克奎恩的设计打破了传统高级时装的审美法则，将街头时尚、朋克造型引入高级时装，设计作品充满奇思异想，惊世骇俗却不失韵味，大胆前卫又难以琢磨。其作品强调结构拆解后的再构建，创造性地把握空间的延展和变化。他在设计中常常从过去摄取灵感，然后大胆地加以"破坏"和否定，从而创造出一个全新的概念（图8-8）。

图8-8 亚历山大·马克奎恩设计作品

让·保罗·戈尔蒂埃的设计题材十分广泛，如水兵条纹、异域情调、内衣外穿，他既强调女性服装的性别特征，又模糊男女性别的界限，在两者之间寻求平衡。其在材料运用上也充满创意，如将金属与针织缝在一起、回收的罐子变成手环、缎面马甲配塑料材质的裤子等。他以独特的眼光重新审视生活中的物品，创造性地融于自己的设计。"时装就像房子，需要翻新。"戈尔蒂埃的设计中混合了不同的元素，如宗教文化、民族艺术，以狂野、荒诞、背离传统规范形成独有的艺术风格，将平民百姓衣饰融入高级时装的设计主流，漠视社会对潮流的审判。他大胆地将贵族式的维多利亚时代礼服融入社会阶层较低的水手服设计，引起当时社会的巨大反响，而水手服的条纹从此成为戈尔蒂埃服饰的一个标记。20世纪80年代中期，他设计的圆锥形乳罩、袒胸男装搭配妖艳的羽毛及厚底鞋、女服配以硬朗的皮革及半裸的臀部设计等，模糊了男女性别。他的设计风格夸张、诙谐、顽皮、前卫，熟练运用混搭手法，将古典和奇风异俗混合，对立与拆解重构，并在其中加上自己独特的幽默感，充满创意（图8-9）。

图8-9 让·保罗·戈尔蒂埃设计作品

约翰·加里阿诺的设计融合了英国式的刻板和浪漫，既有戏剧化的壮观，又精致而不拘泥于传统，前卫不失雍丽奢华，极具创新力和突破性。高贵华美的蕾丝面料、夺目的服饰配件、精彩绝伦的刺绣和图案、夸张炫目的妆容，几乎垄断了所有人对美的奢望。无论是裁剪、搭配还是舞美设计，都给人以异乎寻常的创意。约翰·加里阿诺除了拥有高超的设计水准和自由广阔的设计思维，他还能精确地把握前卫与经典、时代与传统的关系，敏锐地捕捉到现代时尚的最新定义（图8-10）。

图8-10　约翰·加里阿诺设计作品

山本耀司是20世纪80年代闯入巴黎时装舞台的先锋派设计师之一。他把西方的建筑风格设计与东方的传统服饰理念结合起来，使服装不仅成为躯体的覆盖物，而且成为着装者身体与设计师精神交流的纽带。山本耀司的设计承袭了东方传统服饰文化中的精髓，以二维的直线出发，运用层叠、悬垂、包缠等手段形成一种非固定结构的着装概念。他认为："人体本身并不重要，重要的是服装通过人体产生外延美。"这种充满东方哲学与西方主流背道而驰的新着装理念，不仅在时装界站稳了脚跟，反过来影响了西方的服装设计师。

山本耀司汲取来自日本传统服饰的营养，并将解构主义融入时装设计之中，如以和服为基础的非固定结构的着装概念，以二维的直线裁剪形成非对称的外观造型，以黑灰为主的色彩使用，这与山本耀司的日式色彩审美观以及东方禅意有着深刻的联系。山本耀司将设计概念外延扩展，使材质肌理的美感取代了以装饰为主的设计手法，运用丰富的材质组合来传达时尚的理念，山本耀司喜欢打破服饰符号的着装规则，常常呈现以破碎和缺陷为基调的设计（图8-11）。

图8-11　山本耀司设计作品

　　川久保玲的设计风格前卫、独特，融合了东西方的文化概念，她喜欢解构主义所推崇的逆向思维，从对立的事物中寻找灵感，推出了无数打破常规的时装设计。她从东方设计理念中借鉴舒适性和随意性进行设计，给予穿着者二次创造的空间。刻意的立体化、破碎、不对称、不显露身材的设计，如夸张的廓型、超长的袖子、毛线衫上的破洞、翻面、重新拼凑的夹克等。她设计中的立体几何模式堆叠、不对称重叠式创新剪裁、利落的线条、融合沉郁的色调等，大都来自日本美学中的不规则和缺陷文化，表达着另类的解构主义设计理念，呈现出较强意识形态的美感（图8-12）。

图8-12

图8-12 川久保玲设计作品

　　20世纪80年代，日本先锋设计师川久保玲以极端怪异的设计掀起了颠覆传统。时装的设计风潮，马吉拉深受川久保玲的影响。马吉拉一向以解构及重组衣服的技术而闻名，因此被外界称为解构怪才、解构主义大师。马吉拉坚持解构主义风格服装设计，围绕衣服结构本身做文章，不考虑颜色、花纹、饰边等华丽装饰。他锐利的目光能看穿衣服的构造及布料的特性，将衣服的各个部位如肩、袖、腰等进行错位设计；甚至还利用材质的特殊性，把废旧的皮带、手套、凉鞋、扑克牌、领带、帽子以及破碎的陶瓷片等拼贴重构成一件件令人耳目一新的时装，将解构主义发挥到了极致。马吉拉的设计除了极具环保概念，更令人感到讶异的是其作品背后隐藏着无穷无尽的想象力（图8-13）。

图8-13　梅森·马丁·马吉拉设计作品

第四节 ｜ 未来主义风格

一、产生背景

第一次世界大战爆发前数年，意大利出现了一种名为"未来主义"的社会思潮。意大利诗人、作家兼文艺评论家菲利波·托马索·马里内蒂（Filippo Tommaso Marinetti）于1909年2月在《费加罗报》上发表了《未来主义宣言》一文，标志着未来主义的诞生。未来主义风格提倡者号召人们废除色彩暗淡、线条呆板的服饰，代之以色彩鲜明、线条富有运动感的新服饰。当1961年人类首次登上月球，人们对神秘的太空充满了无限向往，对未来世界充满一切想象。20世纪六七十年代，随着太空时代的到来，设计师们用象征着未来主义的元素去创造服装领域的"未来主义"，以此表达他们对未来的憧憬与向往，正是在这样的时代背景下，未来主义风格逐步形成。

二、主要特征

（一）充满金属光泽的高科技面料

为了营造未来感，通常选择金属感和装饰性较强的面料，如织入金属丝的闪光面料、镭射光材质、闪亮的尼龙丝、透明或半透明PVC材料、水晶片等。除此之外，新技术如3D技术打印出来的科技感面料更具未来氛围感。也有在面料中加入发光电子配件，如led发光灯管、感应器、太阳能芯片等，体现了强烈的未来感。

（二）几何形式的裁剪

在未来主义风格服装设计中，设计师常常通过折、叠、揉、捏等方式塑造立体的几何线条，同时融入一些夸张的元素、加入不对称设计实现独特的未来空间感。也可根据几何形体本身的特点，利用不同的展开方式，将菱形、方形、圆形等几何图形逐渐发展到复杂的形态，塑造科技感。

三、设计师代表

皮尔·卡丹出生于意大利威尼斯，2岁随全家迁到法国，在法国中部圣艾田度过了他的少年时光。凭借聪颖与勤奋，年仅28岁的皮尔·卡丹便拥有了自己的品牌公司。皮尔·卡丹曾说过："我的设计风格主要是从宇宙、激光和机械等这些非常现代的东西中获得灵感，而不是从戏剧里面的服装道具中获得灵感。所以说，我的设计风格总是走在时代的前面，始终都是未来的时尚。最初，我从几何图形中得到灵感，然后我比较偏向一些科学的形式。所以我的设计风格一直是非常现代的。"

皮尔·卡丹微妙地感受到了20世纪60年代那一代人的情绪，他们被征服太空的想法所迷惑，通过塑造几何形式的服装造型，利用具有科幻感的材料，使其女装设计充满了浓郁的未来主义风貌。他设计的服装简洁且面向未来，不仅将"雕塑方法"应用于服装设计，还应用于家具设计。未来主义形式已成为其内部设计不可或缺的一部分。皮尔·卡丹主张通过精湛的工艺，将奇特的设计和面料与褶裥、皱褶、几何形状巧妙融合，创造出突破传统、成为时尚的新形象。1954年的气泡裙和1958年的球形裙，再一次成为时尚界的焦点，"卡丹风格"也逐渐形成，如带有建筑感的肩部、3D几何图形以及大胆夸张的巨型首饰等。皮尔·卡丹一直对太空展现出浓厚的兴趣，20世纪60年代，他推出的"太空时代"系列，仍然是时尚历史上的里程碑——针织紧身衣、紧身皮裤、蝙蝠袖套头衫等引起一阵潮流（图8-14）。

图8-14 皮尔·卡丹高级时装发布

归属感对侯赛因·卡拉扬来说是个模糊的概念，漂泊不定的童年生活也解释了他后来为何选择前往伦敦，成为自由的艺术家。因为自己的国籍、民族、政治原因，侯赛因·卡拉扬与同一时代的约翰·加里阿诺和亚历山大·马克奎恩等不同，他更多的是在设计中探索归属感与人类文明的发展。在他的秀场上，出现过可以被遥控器操纵的连衣裙、遇水能自动溶解的裙子、能自动变装的科技礼服以及能在模特行走过程中随时变装的礼服。他的设计并不是植根于历史、街头或神话传说中，而是体现出一种未来意象和对未来的思索。他用设计传达着一种人类文明进化的可能性，是对人类双脚可以离开土地，自由在宇宙穿行的畅想和诉说。在侯赛因·卡拉扬的设计中看不到平庸的、粗劣的艺术，一切都是富有创意的严谨艺术。侯赛因·卡拉扬的时装秀因他超越、新奇的概念，总是赋予人们一种无穷创意的能量，带领人们眺望未来。他的设计巧妙地透过人体，用科学、艺术、建筑、哲学等更高级的艺术表现形式来展示服装，相较于传统时装而言，他的设计是对服装的另一种挖掘和探讨，侯赛因·卡拉扬让时尚设计不断拥有延伸的可能性，融合高科技的设计愈显未来感（图8-15）。

图8-15 侯赛因·卡拉扬高级时装发布

第五节 | 超现实主义风格

一、产生背景

超现实主义是第一次世界大战后，在法国文化领域兴起的对资本主义传统文化思想的一场反叛运动。超现实主义深受西格蒙德·弗洛伊德（Sigmund Freud）潜意识理论的影响，把现实观念与本能、潜意识和梦的经验相糅合，以到达绝对的超现实的情境。这种不受理性和道德观念束缚的美学观念，强调偶然的结合、无意识的发现、梦境的真实再现，试图突破符合逻辑与实际的现实观念。超现实主义促使艺术家们用不同手法来表现原始的冲动和自由意象的释放。

二、主要特征

从20世纪30年代开始，服装领域受到超现实主义思潮的影响，逐渐出现超现实主义风格的服装。在超现实主义的影响下，服装设计师设计出形式多样、趣味怪诞的服装，营造梦境与现实的空间混乱。超现实主义对服装设计的影响，最早可以追溯到德国艺术家恩斯特（Max Ernst）对人体模型的机械幻想和比利时画家雷尼·马格利特（René Magritte）对非常规化的探索。

超现实主义服装风格，通过设计展示了对超现实主义态度和符号的借用，充满预示性和象征性。在造型上，设计超越人体本身的廓型需要，即打破原有传统造型构成思维的束缚。在材料上，其面料的选用无所不用其极，不合常规的材料的使用，表达作品的主题和隐喻思想，反常程度令人瞠目结舌。

超现实主义服装主张"精神的自动性"，推崇不受一切客观、理性的逻辑思维，提倡一种精神上的自由，主张不接受任何逻辑的约束，相信不自然而合理的存在。超现实主义服装风格设计师相信无意识的"潜意识"下，表现出的是真实的自我和自身真正想表达的艺术理念。

三、设计师代表

意大利女性时装设计师艾尔莎·夏帕瑞丽（Elsa Schiaparelli）的超现实风格独具一格，打破陈旧，把服装设计带入了一个全新的领域，极富艺术感。

1937年，超现实主义画家萨尔瓦多·达利和服装设计师夏帕瑞丽合作完成的"鞋帽"，以一种荒诞幽默、毫无逻辑的方式，隐喻表达了女性想要追求平等与独立的渴望。两位设计师通过上下空间及物体置换的概念，设计出超越了人体自身廓型需要的传统帽子造型，体现超现实主义无逻辑性、不真实性、荒诞幽默性及隐喻性的艺术特征（图8-16）。

图8-16 "鞋帽"设计

夏帕瑞丽与达利还共同设计了一款造型优雅、线条柔美的白色礼服，衣身中央印有一只巨大的红色龙虾，以模拟自然事物的形式赋予服装特殊的意义。礼服优雅的造型与红色龙虾产生的矛盾与冲突叠放在一起，体现出超现实主义强烈的装饰性且趣味横生的特征（图8-17）。

夏帕瑞丽以超现实主义画家让·科克托（Jean Cocteau）描绘女性侧影形象的一幅画作为灵感，以刺绣的形式，将画作中的女性侧影表现于服装中，巧妙地将画作中女性的手臂形态设计为门襟线，由金色丝线绣成的长发自然流淌在衣袖上，其设计的这一款女式上衣，打破了画作只能存于画框中的逻辑思维。而后，夏帕瑞丽与科克托再次合作，科克托描画了一只由两个接吻的人的侧脸构成的古典花瓶。夏帕瑞丽大

图8-17 手绘龙虾礼服设计

胆地将画作直接作为图案应用于服装当中，表达了女性对过往被压制情绪的一种宣泄，是对当时社会的一种挑战。1948年，夏帕瑞丽设计了一件黑色"骨骼服"，服装中填充物的挤压，类似于人类脊柱和肋骨，以骨骼内外置换的手法刺激着人们的视觉感受，打破了原有服装造型的思维定式。夏帕瑞丽品牌一直坚持艺术化的时装设计理念，逐渐形成以身体为基型，服装为媒介，集高雅艺术与通俗设计于一体的设计风格，该品牌的数任设计总监都诠释了品牌创始人的超现实主义艺术风格，创造出了一种强调对现实世界的反叛和对非传统的审美时尚（图8-18）。

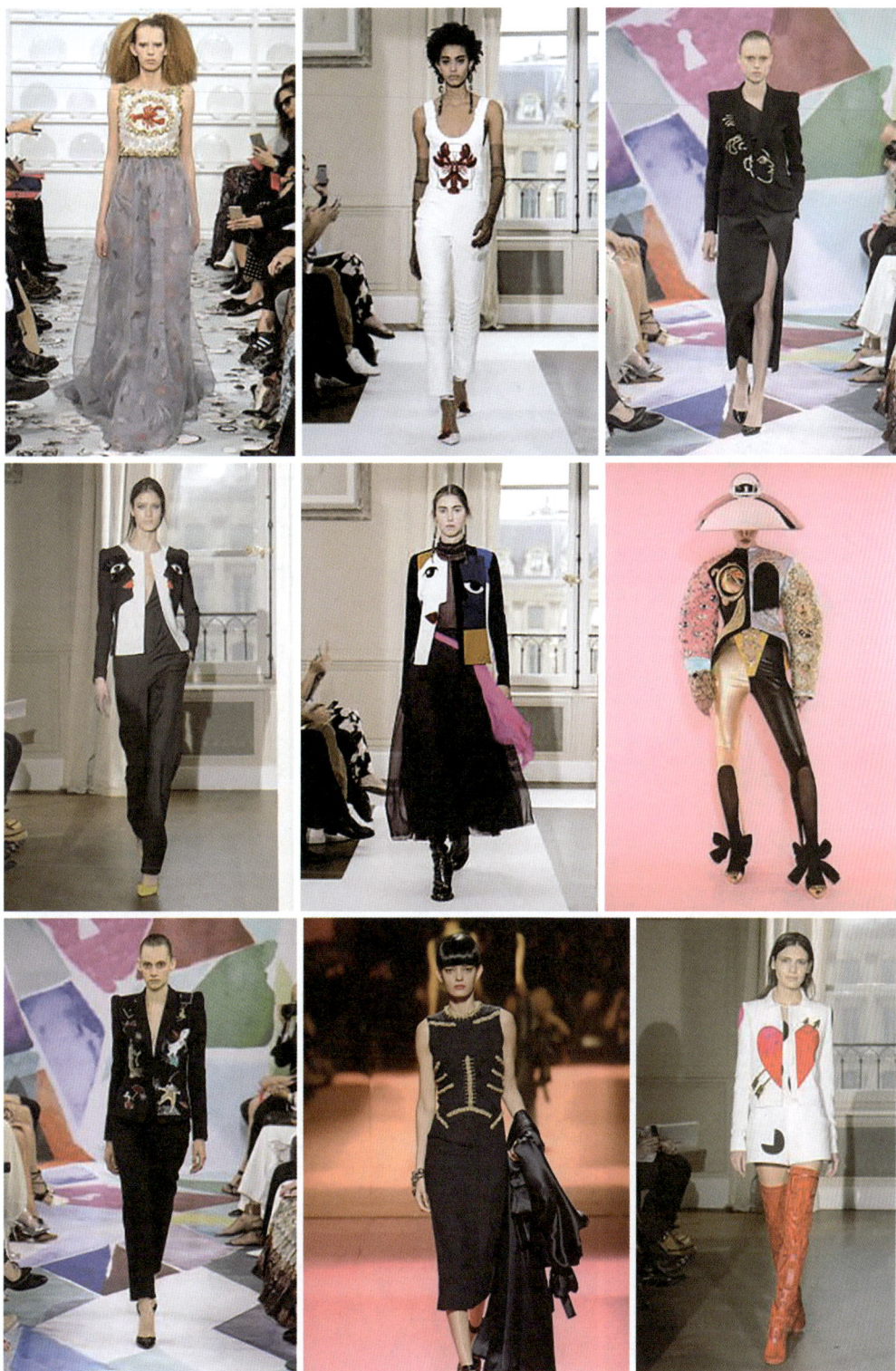

图8-18

图8-18　夏帕瑞丽高级时装发布

⊙ 思考题

1. 运用解构的方式进行系列后现代主义风格服装创意设计（6套）。

2. 从我国传统服装中提取设计灵感进行系列民族风格创意服装设计（6套）。

第九章

服装品类设计

P A R T 9

课题名称 | 服装品类设计

课题内容 | 童装设计
内衣和家居服设计
职业装设计
运动休闲服设计
礼服设计
校服设计

课题时间 | 32 课时

教学目的 | 通过童装、内衣、职业装、运动休闲服、礼服、校服的介绍，使学生了解
不同品类服装设计要求，掌握不同品类服装的设计方法。

教学重点 | 1. 掌握服装各品类的设计特点及方法，使学生能结合市场因素进行产品设计。
2. 培养学生分析流行信息及实际应用流行信息的能力，开阔设计思路，提
高服装市场的把握能力。

第一节 | 童装设计

童装设计是一类特殊的服装设计，由于儿童在成长过程中发展速度不均衡，童装设计要充分研究儿童心理、生理的变化，以满足不同年龄段儿童需求。每个年龄段都有其各自不同的特点，依据不同年龄段，童装设计主要分为以下几种类别。

一、婴幼儿童装设计

这一时期由于婴儿缺乏体温调节能力，发汗多，且皮肤娇嫩，因此款式设计要简洁，正背面均采用平面的造型，保证衣服平整，减少与皮肤的摩擦。以无领结构为主，袖子一般连裁以减少缉缝线，尽量减少不必要的结构线。婴幼儿童装应采用透气性好的纯棉面料以保护婴儿柔嫩的肌肤，由于对色彩的感知较弱，婴幼儿童装大多为白色或浅色。由于婴幼儿睡眠时间长、排泄次数多，衣身开合设计应放置在前部，以系扎为主，连身裤的门襟开合处一般使用纽扣，方便更换尿布（图9-1）。

图9-1 婴幼儿童装

二、学龄前童装设计

这一时期的幼儿智力和体力发展较快，具备一定的语言表达能力，喜欢户外活动，男童女童之间出现性格差异。此年龄段的幼儿体型特点表现为头大、颈短、肩窄腹凸、四肢短；行为特点表现为精力旺盛、户外活动逐渐增多，表现出喜欢奔跑、跳跃的特征，因此裤裆尺寸加长，使腰头穿着后高于正常腰线的位置，既能防止活动时滑落，又能较好地起到保暖的作用。裤腿不宜过长或装饰带襻，以免绊倒幼儿，或跌倒时发生意外。此阶段的幼儿主要通过感官感知周围物体，需要考虑在成衣中尽量避免使用较多的小部件，以防儿童拉拽吞食发生危险。领子的设计宜简洁、平坦、柔软，不宜使用烦琐的领型和装饰过度的花边。领型一般以小圆领、方领、趴领为主，不采用立领。为了培养学龄前儿童的生活自理能力，门襟的位置尽量设计在前面，分别穿脱，并使用全开合的方式。学龄前儿童服装的仿生设计有助于孩子认识自然、增长知识，同时又增添了趣味性和装饰性，色彩或鲜艳或柔和，符合这一时期儿童的心理特点。夏季服装采用透气性、吸湿性较好的纯棉布。秋冬季内衣采用保暖性好、吸湿性强的针织面料；外衣以耐磨性强的灯芯绒、斜纹布、纱卡等为主，在膝盖、袖肘等部位增添拼接或双层设计以起到耐磨、防撕裂的作用（图9-2）。

图9-2 学龄前童装

三、学龄期童装设计

6～12岁为学龄期即小学阶段，这一阶段的儿童身体逐步变得匀称，凸肚现象逐渐消失，智力发展迅速，想象力丰富，逐渐脱离幼稚感，以学校为中心，开始具有集体意识。此阶段的童装应避免过于华丽繁复，这样既能防止儿童上课时分散注意力，又免除了课间如厕带来的不便。这一时期的儿童审美意识增强，出现明显的性别意识，因此在男童装中采用H廓型的造型来强化男子汉气概，女童装采用X廓型、A廓型的造型来凸显甜美可爱的气质，避免性别模糊化。针对学龄期儿童运动量大的特点，服装宜采用吸湿性、透气性良好兼具牢固度的面料，运用水洗、酶洗、磨毛等工艺加工后的斜纹布、卡其、牛仔布等棉织物，既保留了较好的吸湿透气性和强度，又增加了柔软性，有利于儿童在运动后及时向外散热，调节身体温度（图9-3）。

图9-3　学龄期童装

四、青少年服装设计

此阶段又称青春期阶段，青少年身体发育明显，喜欢表现自我、张扬个性。女孩胸部开始发育丰满，臀部脂肪开始增多，胸、腰、臀出现较大差异；男孩肩部变平、变宽，身高、胸围和体重也明显增加。这一阶段的青少年有独立思考的能力，对于穿衣打扮有自己的审美爱好，此年龄段的童装以运动装、休闲装为主，设计上要满足青少年的心理需求，以简约时尚、青春活力等为原则，展现青少年阳光的性格特征。在色彩搭配上以明快、中暖色调为主，展现青少年积极向上的青春风采。款式力求统一协调，从流行文化元素上捕捉灵感，充分结合青少年生理不断变化的特点，力求功能性强，不刻意追求前卫夸张或过于正式严谨（图9-4）。

图9-4　青少年服装

第二节 │ 内衣和家居服设计

一、内衣分类

近些年，随着经济的发展、居民收入水平的提高，消费者越来越重视内衣穿着。内衣属于贴身穿着的衣物，不同于外着类服饰，其强调功能性和舒适性，对产品的舒适性和裁剪工艺要求较高。现代内衣按照年龄分，可分为婴幼儿内衣、儿童内衣、成年人内衣和中老年内衣；按照性别分，可分为男士内衣和女士内衣；按照工艺分，可分为有缝内衣和无缝内衣；按照功能分，可分为基础内衣、美体内衣、装饰内衣、保暖内衣和运动内衣。

基础内衣是指对身体起基本保护作用的内衣。美体内衣又称塑形内衣，对体型起到塑造和矫正的作用。装饰内衣往往用来修饰和加强着装的美感，装饰内衣可以使外衣显得流畅而具有层次感，既能保持外衣的完美造型轮廓，又能在行走和活动时舒适自如。运动内衣是指在运动时穿着的内衣，不仅可以保护胸部免受运动的影响，而且方便活动，不受拘束；具有吸湿透气、除湿除臭等功能。保暖内衣，主要指秋冬季穿着对身体起保暖作用的内衣，可有效减少人体热量的散发（图9-5～图9-9）。

图9-5 基础内衣　　　　图9-6 装饰内衣　　　　图9-7 美体内衣

图9-8 保暖内衣　　　图9-9 运动内衣

二、内衣设计方法

内衣设计需要真正把握人体，从人体的各个角度去了解人体躯干组成部分和个体的差异性。女性的肩部、胸部、腰部、臀部因体型而异，是女性内衣设计时需要考虑的重点。除此之外，人体脂肪和肌肉也直接影响着内衣设计，尤其是功能性较强的内衣。无论内衣款式如何千变万化，在进行设计前都需要对人体的各种因素进行分析、归类，使产品具有针对性、更具科学性。

除了从功能上考虑内衣的设计，还可利用刺绣、抽纱、镶嵌、拼贴、滚条、编织等工艺进行内衣的装饰与美化设计，细腻、精致的装饰工艺能够帮助内衣在造型中起到画龙点睛的作用。内衣色彩的搭配是建立在色彩调和的基础上，整体的色彩美感与流行色时尚、消费者受教育的程度、审美情趣、宗教信仰、经济状况等产生关联。内衣材料的舒适性是影响内衣品质的重要因素之一，内衣材料的选择通常需经过特殊处理，以消除化学物质对人体的影响（图9-10）。

图9-10　内衣的装饰设计

三、家居服设计方法

家居服是休息、就寝时所穿的服装，以宽大舒适、穿脱方便为其设计特色。家居服包括睡裙、睡衣、睡袍等几类。

（一）睡裙

睡裙常采用抽褶、细裥等工艺手法进行装饰，以使裙身宽松、舒适。在袖边、裙边、领边缀以蕾丝花边、荷叶边或饰以绣花装饰，在胸前、袖子等处采用蕾丝拼接，增添睡裙的秀雅与美观。一般睡裙以印花棉布或丝绸制作，以浅色为主，部分使用黑色（图9-11）。

（二）睡袍睡衣

睡袍为晚上睡觉前休憩时间或晨起换衣前进早餐的衣着，又称为室内衣、化妆衣、整装衣。一般为宽敞式长袍，门襟交叉重叠，使用腰带系束，衣长至足踝或小腿、膝下。

睡衣为上、下装分开的套装样式，穿脱方便、宽松舒适。常以嵌线、绲边工艺进行装饰，也有在肩部打缆、前胸绣花的点缀形式，质地以天然纤维为宜（图9-12）。

图9-11 睡裙设计

图9-12 睡衣设计

第三节 | 职业装设计

职业装又称工作服，是为工作需要而特制的服装。进行职业装设计时除了需根据行业的要求，结合职业特征、团队文化、年龄结构、体型特征、穿着习惯等，还要从服装的色彩、面料、款式、造型、搭配等多方面考虑，打造富有内涵及品位的职业形象。职业装是在有统一着装要求的工作环境中穿着的服装，以职业特点而划分的功能性服装，根据不同职业、工种的需求而设计，从职业服装的实用功能及特性来讲，主要分为工作服、办公服及特种功能的劳动服等（图9-13~图9-15）。

图9-13　特种功能劳动服

图9-14　办公服

图9-15　工作服

一、职业装特征

（一）标识性

标识性是职业装最为突出的特点，它代表着穿着者的职业身份和归属团体，是树立现代企事业、团体形象的物质文明和精神理念的载体。

（二）防护性

各职业工装所处工作环境有差别。职业装的防护性功能在于保护作业人员的身体不受作业环境中的有害因素的侵害，改善和提高工作效率，以保证作业人员准确、安全、高效地完成工作任务。不同的职业工装有不同的防护功能要求。

（三）实用性

职业装应适应不同的工作环境，其设计制作应有诸多具体功能性的要求和制约，结构合理、色彩适宜、裁剪准确、缝纫牢固、规格号型齐全。

（四）科学性

职业装的科学性是指衣物的各种物理性能和化学性能使穿着者在穿着后，其心理、生理达到舒适状态。其中，包括职业装的材料、成衣结构、款式与人体生理特征、劳动行为之间的合理关系。

二、职业装设计方法

职业装是为体现行业特点设计的服装，具有一定的象征意义，同时还起到规范行为并使之趋于文明化、秩序化的作用。职业装设计不同于生活时装设计，其在体现时尚潮流、追求款式造型、顺应时代需要的同时，还需考虑工作性质、环境等因素。以实用功能为先，同时要注意艺术性、标识性、防护性、科学性的运用。传统职业装强调功能性和实用性，突出职业装的特质，款式简洁干练，以H廓型为主。色彩较为稳重，多以单色为主，如黑、白、灰、米、棕等。注重板式剪裁，不强调装饰性或流行元素的过多融入，以毛料或混纺毛料为主，塑造挺括、饱满的形态。随着职业装的发展，除毛料外，化纤面料、弹性面料、涂层面料、针织面料等逐步被广泛使用，在造型、色彩中融入流行元素，职业装的细节变得丰富。现代职业装在设计时要注意不能太过随意与洒脱，过于强调艺术感的造型设计，往往会影响服装的实际使用功能。职业装整体色调、风格需和谐统一以体现严谨与端庄。

根据着装的工作环境、工作性质和工作对象等不同设计的职业工装，以满足人体工学、防护功能来进行外形与结构设计，强调保护安全。依据室内外不同、高低温、干燥、潮湿等不同环境条件选用不同的服装材料、色彩、款式等，为从业人员提供既美观实用又安全环保的职业装（图9-16）。

图9-16　不同职业装设计

第四节 ｜ 运动休闲服设计

运动休闲服是随着现代生活方式的改变而衍生的一类服装，是为满足运动或休闲功能需要而设计的各种款式服装，此处所提及的运动装有别于适用专业运动的服装，而是指吸收了运动服元素、由运动服衍生出的时装，具有富有朝气、充满活力的视觉效果。在繁忙、紧张的都市生活里，人们开始追求轻松、随意的生活，舒适、方便、自然的运动服和休闲服成为20世纪下半叶现代人类追求的服装样式。

一、运动服设计方法

运动服具有舒适、充满活力等特点，是现代都市人在忙碌的生活后喜欢的着装品类之一。运动服的造型轮廓以H廓型、O廓型居多，款式较宽松、便于活动，色彩鲜明，以白色、黄色、蓝色、红色居多，具有醒目的效果。面料以透气、吸湿、机能性强的棉、针织等为主。近年来，运动服装更贴近生活化、实用化，同时兼顾趣味性，出现了休闲的运动服、时尚运动服等形式。

运动服款式设计不仅要考虑其功能性、机能性，设计时服装装饰结构和服饰装饰配件不能影响肢体的摆动，在造型设计上还要考虑时尚性和休闲性。款式上通常以T恤、夹克、外衣、运动裤、运动裙等样式为主。在色彩上选用明快、亮丽的色系，配色对比相对柔和。在面料选用上，弹性好、耐磨、吸湿、易干、轻便、触感好的材料是运动时尚服的理想材料。在装饰设计中要充分运用镶、拼、滚、嵌等工艺，巧妙使用图案、拉链、贴标等装饰，使运动服装呈现时尚、休闲的特点（图9-17、图9-18）。

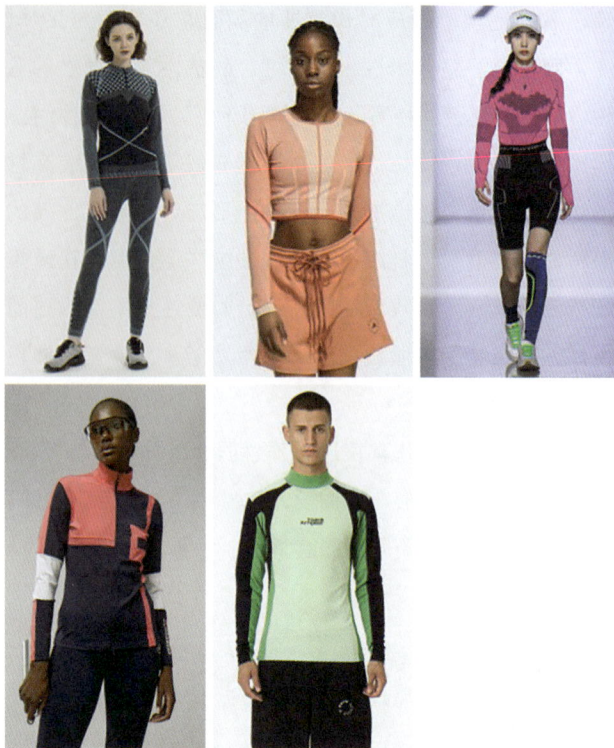

图9-17　时尚运动服设计

图9-18　休闲运动服设计

二、休闲服设计方法

休闲服是由人们追求轻松、崇尚自然质朴的生活方式所产生的，也是现代社会追求品质生活和舒适生活的充分体现。休闲服相对于严谨正规的工作职业装和礼服而言，是在一般社交场所穿着的轻松、随意的服装。

休闲服的设计具有较广阔的空间，设计着重强调舒适性、随意性、休闲性，搭配较自由，是现代服装设计产品的主要门类。休闲服的设计具有群体性、流行性、随意性等特点。可以说，休闲服拥有最广泛的消费对象，而这些对象又由于性别、年龄、文化修养和经济收入的不同，而具有不同的消费倾向。

休闲服体现了大众所追求的流行时尚感，其设计必须紧跟潮流时尚。休闲服的设计注重流行、简洁大方，款式结构不仅要富于一定的机能性，而且便于组合，以满足消费者多元化的需求。休闲服具有轻松随意的特点，其总体设计风格趋向于宽松自然的造型、中性的色调、舒适天然的面料等。款式既可单件独立配置，也可与其他样式进行组合配套，还可增加可拆卸的零部件作为装饰或功能部件（图9-19、图9-20）。

图9-19 时尚休闲服设计

图9-20 中性化休闲服设计

第五节 | 礼服设计

礼服泛指在重要的正式场合穿着的服装。对于礼服的理解和定义在服装行业还没有统一的描述，礼服可视为正式社交场所中男性及女性所穿服装的统称。广义的礼服包括古代正式的服装、民族类礼服、学位服、军礼服、法庭礼服等。狭义的礼服可理解为隆重的正式社交场合穿着的服装。

原先礼服是在典礼、婚礼、祭祀、葬礼等场合下穿着的服装，随着时代的发展以及生活方式和生活观念的改变，现代礼服的设计更加简洁、时尚，新材料、新款式、新图案层出不穷。礼服按穿着时间可分为日礼服、晚礼服；在礼服中，除了大众常用的礼服外，还包括各种特殊功用的礼服，如婚礼服、丧礼服、军队服装、仪仗队服装以及宗教活动服装、学位服等。

一、礼服分类

日礼服是指在白天外出、访问时穿着的礼仪服装，也可用于参加婚礼、开幕式、庆典活动等。整体风格以高档、华丽、优美为主。日礼服款式根据穿着场合、时间、地点等，有长袖连衣裙和套装等，几乎不外露肌肤，面料多选用毛料、哑光材质（图9-21）。

图9-21 日礼服

晚礼服是指夜间社交礼服，是用于舞会、晚会等隆重场合的男女礼服的通称，一般情况下多指女性服装。晚礼服以夜间社交为目的，因此设计时考虑视觉效果，面料常选用光泽度较高的材科，以体现较强装饰性与华贵感。晚礼服裙长及地，无袖、露肩，颜色较鲜艳（图9-22）。

图9-22 晚礼服

小礼服是介于日礼服和晚礼服间的礼服，也称鸡尾酒服，通常在鸡尾酒会、较正式的聚会、典礼上穿着，裙长在膝盖上下5厘米，款式简洁，面料富有光泽感，色彩明快（图9-23）。

图9-23 小礼服

　　婚礼服是指在婚礼中穿着的服装，一般多指新娘的穿着，也称新娘礼服。在西方传统中白色象征纯洁，多以白色为主；中国则以红色为主。随着现代婚礼服风格的多样化，其色彩、结构、面料等也变得更加个性化（图9-24）。

图9-24　婚礼服

　　丧礼服是指参加近亲或朋友去世的仪式上穿着的礼服。丧礼服一般采用黑色，款式为套装或礼服样式，面料避免华丽感，多选择黑色、藏青色或深灰色（图9-25）。

二、礼服设计方法

　　这里重点介绍女性晚礼服设计，其形式主要有两种：披挂式和层叠式。披挂式具有古希腊时期女装自然、随意的风格，将布料披在人台上，通过布料自然悬垂形成褶纹，结合折叠、缠绕等方式丰富立体形态。层叠式主要通过加法设计，在基础廓型上通过叠加的手法进行装饰，形成奢华精美的视觉效果。礼服大多选择采用具有光泽感的面料，金属色泽有助于彰显礼

图9-25　丧礼服

服的华贵感。通常晚礼服材料以丝光面料、闪光缎等一些华丽面料为主，如织锦、绸缎、塔夫绸、天鹅绒等。礼服常用的装饰手法有：刺绣（丝线绣、盘金绣、贴布绣、雕空绣等）、褶皱（褶裥、皱褶等）、钉珠（钉或熨人造钻石、珠片）、珍珠镶边、人造花等。采用刺绣、珠片、水晶、蕾丝、镶钻、大量褶裥、蝴蝶结、装饰花边及分割线等工艺手段进行装饰，可增加立体效果和装饰性。一般多装饰于颈、胸、肩、袖、腰等部位，通过在衣物表面添加装饰，可更好地体现礼服的华丽。女性晚礼服廓型以X廓型、A廓型为主，在设计中使用抽缩法、编织法、绣缀法、折叠法、缠绕法、堆积法，可丰富礼服多层次、多曲面的立体感（图9-26、图9-27）。

图9-26 运用多种装饰工艺的礼服设计

图9-27　A廓型、X廓型晚礼服设计

第六节 │ 校服设计

　　校服的主旨是强调集体意识，体现青少年健康向上的精神风貌。因此，除儿童服装的一般设计准则外，更要注意把握校服应展示出的校园文化。

一、校服廓型设计

性别教育是学校教育中不可或缺的一部分，在校服设计上，既要体现男生和女生的差异，又要树立健康的性别意识，分别展示男子气概和女子气质。因此，在校服设计中，日常运动服和外套多采用H廓型，在礼仪校服中，男生校服廓型常见H廓型，女生校服的裙装常见A廓型和X廓型。

二、校服款式设计

校服最早起源于欧洲，为了规范管理，一般在重大活动中要求学生统一着装以展示学校形象。通过统一的着装有意识地营造一种归属和被接受的氛围，可从感性上加强学生的群体意识。校服随着时代的发展历经数次改革，校服的款式、色彩、穿着舒适度潜移默化地影响着学生的个性形成和审美塑造。

由于受众群体为学生，考虑到穿着的环境，校服款式设计的总体要求为美观、实用，不能时装化。校服多采用上、下装分开的两件式设计，两件式运动装具有较好的生理舒适性；另外，两件式的服装便于更换和搭配，实用性更佳。连衣裙的廓型多为小A廓型或X廓型，A廓型较适合幼儿园和小学阶段的低学龄女生；X廓型则柔美、优雅，更适合初中以上的高年级女生。校服主要分为运动类和礼仪类。礼仪类校服的主要特点是外形挺拔、线条流畅，有清晰的服装结构。中学生处于青春发育期，与成年人相比体型略为瘦小，日常活动量大，因此在承袭西装廓型时，应考虑中学生体型发展的变化，避免像成人西装一样修身，在廓型上加放活动量，通过公主线、收省达到合体性（图9-28）。为穿脱方便，运动类校服设置全开合结构形式，即穿时打开，穿后闭合，选择耐脏、耐磨、透气性好的面料，如莱卡、黏胶纤维、天丝、牛奶纤维等面料（图9-29）。

图9-28　礼仪类校服

图9-29　运动类校服

三、校服色彩图案设计

考虑到低年龄与高年龄学生身心特点的差异，在校服色彩设计中，随着学生年级的递增，校服色彩可由暖色调逐步转至冷色调，明度、纯度由高变低。大部分校服在纯色的基础上，采用色块分割搭配，使校服的整体视觉效果更富活力。校服的常见图案主要是几何图案，以直条纹图案和格子图案为主。这两类图案线条平直、排列规则，具有秩序感；同时，通过线条的颜色或格子的色块，形成有规律的颜色变化，富有动态美感。斜向的菱形格纹具有特殊的秩序美感，与毛织服装的肌理相似，常用在校服的毛背心和毛衫的前身上；小方格纹清新可爱、活泼雅致，适于春夏季校服衬衫或裙子；大格纹稳重，可有效地调节素色校服的沉闷感（图9-30、图9-31）。

图9-30　不同年龄段校服色彩设计

图9-31 校服图案设计

○ 思考题

1. 进行休闲服、运动服系列设计（每一系列 6 套）。

2. 进行校服、童装系列设计（每一系列 6 套）。

3. 进行礼服、职业装系列设计（每一系列 6 套）。

第十章

创意服装设计

PART 10

课题名称	创意服装设计
课题内容	服装创意的本质及重要性
	服装创意的构思与设计方法
	服装创意的灵感来源
	成为优秀的创意服装设计师的条件
课题时间	8课时
教学目的	通过服装创意的本质及重要性、服装创意的构思与设计方法的介绍，使学生了解服装创意设计的重要性，掌握获取创意灵感源、创意设计与构思的方法。
教学重点	1. 服装创意设计灵感源提取及主题概念的生成。
	2. 创意服装设计的设计对象及设计条件。
	3. 开阔学生设计思路，锻炼创新意识，提高创新设计能力，培养设计风格个性化的形成。

第一节 ｜ 服装创意的本质及重要性

一、创意设计的本质

服装创意是指，创造前所未有的形式和内容以及物化的过程。服装是某一种社会文化形态的物化表现，服装设计是一项科学与艺术相结合、综合性的、多元化的创造性活动，是人与自然、人与社会、人与环境进行沟通的一种媒介。由于服装设计是一种创造性活动，设计灵感大多来自设计师对社会生活的感受，或受某一种情绪引发的创作，但有时这些情绪和感受并非全是成功的创意。服装创意的本质即创新，其内容主要体现在以下几个方面：创造新的服装形态，创造新的穿着方式，创造色彩运用与色彩整体搭配的全新组合形式，创造新的服装材料，创造新的审美品位等。服装创意设计通过灵感源的提取、主题概念的生成、整件服装的设计与制作，体现了对造型、材料、色彩的创意构思和表达。服装创意中的创新不仅涵盖了服装构成的"新"形态、"新"结构、"新"材料、"新"色彩、"新"形式、"新"造型等物质性的直观感受的内容，同时也包括在设计过程中设计师的"新"观念、"新"思维、"新"思路、"新"想法。综上所述，前面提及的"新"即服装创意设计的本质与内容。

二、创意设计的重要性

创意设计对于服装而言十分必要且重要，是培养设计师的创造意识与个性风格的重要过程，引领着服装未来的发展。纵观人类的发展历史，人们永远寻觅新奇的事物，不断追求变化，打破传统与固化的习惯。因此，创意服装设计正是基于人们对服装新样式的渴望而产生，其促使了服装的流行与变化。

服装创意与服装的发展息息相关，通过服装创意，可以不断激发设计师的创造潜能，培养其创新意识，抒发设计师自身的情感，引导服装消费，提高人们的审美品位。创意的价值无限，一件成功的服装作品，首先取决于其新颖的创意，没有创意，服装就显得平淡无奇；同时，没有创意就没有时尚。服装的流行与审美的需求制造了时尚，时尚追求变化，服装创意由追求而变化、由变化而追求，永远无止境。

第二节 ｜ 服装创意的构思与设计方法

一、构思形式

创意服装设计构思是艺术构思和艺术创作的结合，是将观念中的艺术形象通过设计创作以物化的形式体现出来。构思的过程需要充分发挥设计师的主观能动性，设计构思和设计方法是艺术创作中重要的一个环节，离不开酝酿的过程，同时还包含对艺术形象及材料质感的想象与选择。

设计构思依赖于人的思维形式，在设计创作的过程当中，可以从整体上帮助设计师运用正确的思维方法来设计最佳方案。从众多的设计思维形式中找到某种有规律而清晰可循的方法较为困难，大致有以下几种较为典型的形式。

（一）模仿

模仿可以说是人类最为古老、最具有生命力的思维方式之一，也可以说是人类生活的本能。人类或出于本能，或出于某种目的，模仿大自然中各种形态，如鸟兽飞翔奔跑的动作以及它们的声音和色彩。随着社会的进步，模仿由本能上升到有思考、有意识地模仿，模仿的程度也由简单到复杂，虽然模仿达不到完美，但对其"意"的模仿给设计创作提供了灵感来源。创意服装设计的模仿注重装饰性，从对自然生物的模仿中得到艺术灵感，不断升华、不断创新（图10-1）。

图10-1 模仿自然界的服装设计

（二）继承

继承是指在对传统模仿的基础上加以创新。设计在漫长的历史发展进程中形成了无数种风格、形式和种类，因此在创意服装艺术创作过程中，设计师需要继承优良的部分，剔除糟粕，结合时代形式，形成具有民族、时代之风的优秀作品。在历史上，艺术风格或样式的形成和演变是缓慢的，基本上是在继承前代的固有形式下，做一些局部的修正而形成有一定创新的形式，具有一定的普遍性与持久性。继承型的创意服装设计形式强调推陈出新而不是照搬照抄，它与复古怀旧有一定的区别，更多强调对内容、形式、审美、风格等多方面的分析与学习，是一个较为复杂的过程（图10-2）。

图10-2 继承型创意服装设计

（三）借鉴与创新

在创意服装设计中，要注重培养设计师对自然、传统、新技术和多种艺术形式借鉴的设计创新能力。借鉴的方式对于设计师的设计思维有着独到的促进作用，它能拓展设计师的思维范畴，从不同的传统艺术门类中汲取灵感，启发设计构思，设计出别有新意的作品。高科技、数字化水平的发展，为艺术设计带来了多元的创新启示，大大地拓宽了人们的艺术视野。设计师通过对各类信息的搜集和积累，增强了自身的艺术敏锐感，并结合创作对搜集的素材进行分类筛选，从而汲取精华进行创新（图10-3）。

图10-3　创意服装中的借鉴与创新

创意服装设计不一定要求所有的概念、造型、细节都是前所未有的，可以通过借鉴、模仿和改进，对已经存在的事物做细微的修改，哪怕是只有一丁点儿的不同，就具有了设计的意义。

二、创意设计的构思过程

创意服装设计首先需要明确设计对象、设计条件，在此基础上，进行具体的设计构思。构思可分为两种，一种是由整体到局部，另一种是由局部到整体。

（一）从整体到局部

从整体到局部，即从一个概念出发，先设置一个整体的想法，进而围绕这个设想逐步具体化。一般先从造型、色彩、面料及制作工艺开始，进而具体到服装的每个部位的造型及配饰。需要注意的是，要避免将不调和的元素不假思索地堆叠在一起，如局部形态与整体风格性质的统一、色彩调和及面料质感的和谐、配饰使用上的色形质与服装整体造型的呼应等（图10-4）。

图10-4　从整体到局部的设计构思

（二）从局部到整体

从局部到整体，是指事先并无一个具体翔实的整体轮廓及设想，无明确的限定条件，而是设计师依据一时的灵感或情绪，从某一个局部出发，逐步发展到整体构思。例如，一个耐人寻味的配色组合或某种新的工艺技巧等，带给设计师新鲜的有趣的启发，促使其创作欲萌发。从局部到整体，逐步组合其他元素，在考虑统一协调的前提下完成一个新的整体设计。从局部到整体的设计构思，是在设计的过程中不断地探索与发现，带有较强的尝试性与偶发性（图10-5）。

图10-5 从局部到整体的设计构思

三、创意设计的方法

（一）调查研究法

对当前服装市场进行详细调研，针对市场需求和出现的问题，有目的地进行开发与设计。分析原因，总结国内外市场上新的需求倾向，有计划地进行创意设计，使开发的产品能够在目标市场上处于领先地位，从而满足人们审美及消费需求的变化。

（二）逆向思维法

逆向思维法是一种从事物的反面去思考问题的思维方法，这种方法常常使问题获得创造性地解决。在创意服装设计中，常常使用逆向思维来拓展设计方法，寻求异化和突变的效果。逆向思维突破传统形式，打破了常规思维所带来的可预想化，极富新意。在创意服装设计中使用逆向思维的方法，可从题材上、风格上、观念上、形态上等进行。例如，色彩无序的搭配、风格迥异的多重面料拼接、矛盾的造型组合、男女装互换、服装部件、结构前后倒置、内衣外穿等，都是设计观念的逆向思维。在创意服装设计中使用逆向思维，通常会呈现较强的艺术个性，如将领子的形态设计成方与圆、曲与直的结合，采用平与斜、不对称的设计，袖子不按照常规对称的方式缝制在袖窿处，对口袋的大小、平面与立体、对称与不对称及位置等进行大胆想象。但需要注意的是，使用逆向思维方法进行设计时不可生搬硬套，要协调好各个设计要素之间的关联度，否则就会使整体设计显得杂乱、生硬、牵强（图10-6）。

图10-6 逆向思维的创意设计

（三）加减法

创意设计中的加减法是指根据设计目的在原有设计中增加部分元素使设计复杂化，更具装饰性，或减除部分元素使设计更加简略、单纯化。加减法主要用在服装内部结构的调整上，以及服装造型要素之间比例关系的变化中。加法设计是从一个小的元素或预设的主题进行展开式设计的方法。加法设计有利于丰富主题，对于积累设计经验、充实素材和不断更新、启发灵感产生具有重要意义，但把握不好则很容易导致主题不明确、个性风格不突出。减法设计是把设计概念中不明确或多余的元素删除的设计方法，是一种运用排除法进行的创作过程，较加法设计有一定的难度，需要设计师具备"自我否定"的意识，因为在创作的过程中，排除一些元素或改变一种理念是较为困难的。减法设计有利于明确主题，但容易出现"单调"的问题，出现单调的原因往往是在运用减法的过程中，排除了主题元素，消减或弱化了中心理念。通过加法设计增添奢华，通过减法设计追求简洁。无论是加法设计还是减法设计，恰当和适度都是非常重要的，要考虑生产的可能性、结构的合理性、穿着的舒适性等诸多因素（图10-7、图10-8）。

图10-7 加法设计

图10-8 减法设计

（四）夸张法

夸张法是指为了取得"新奇特"的效果，在创意服装设计中，把事物的形态或特征夸张到极限，探索其可能性的创作方法。将服装造型要素的大小高低、长短粗细，将色彩的单纯与复杂、面料的轻重与厚薄等都进行极限夸张的尝试，从而强化设计作品的视觉感受，达到新颖、奇特的设计效果。设计要素进行夸张时需要考虑设计目的，注意把握尺度。在创意服装设计中采用夸张的设计方法，可以使用重叠的方式，即同种元素叠加，使造型变大，达到强调突出的作用；也可以利用素材特点，通过艺术的夸张手法使原有的形态变化，使设计符合设计主题的定位，从而形成一种形式美的效果。需要注意的是，使用夸张法设计时，要注意服装的形式美，尤其是比例关系。进行夸张设计时，不是直接应用素材的堆叠，而是再次创造的过程（图10-9）。

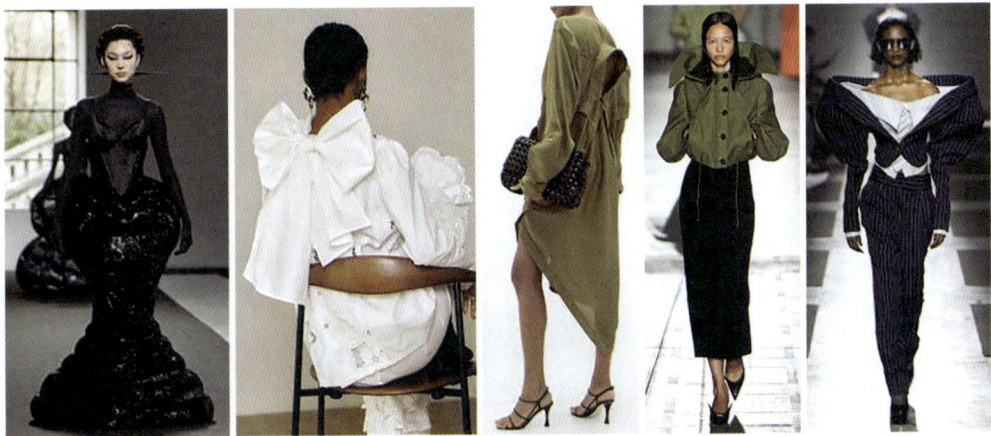

图10-9 夸张设计

（五）变更法

变更法是指变化服装中的设计元素，如变换色彩、造型、面料材质、结构工艺等，使一种服装演变为多种设计的方法。可以通过基本不改变整体造型的基础上，对相关局部进行变化设计或处理；也可以通过在内部进行不同的分割设计，在合理有序的前提下进行款式结构的变化。变更法并不是一味追求变形，而是采用变化的设计方式突出素材的内涵，将设计师对自然、社会、生活的感受运用抽象和象征的手法表现出来。需要注意的是，采用变更法不宜过于强调意象感，否则会形成刻板的视觉感受（图10-10）。

图10-10　变更设计

（六）派生法

派生法是服装设计繁殖衍生的一种构成方式。在设计中主要针对点、线、面、体、色、质等造型元素，加以适量有序的递增变化，从而塑造成多种设计类型的表现形式。通过在原型基础上做依次邻近的多级渐变进而衍生出多个系列造型，为选择理想的设计增加可能性。

创意服装设计中的派生法，通常依据一定的外形轮廓、内部结构、服装细节等，进行宽窄大小、长短高低、复杂简洁的逐级变化，以形成丰富多样的款式设计。可以在服装的肩部、腰部、臀部、袖子、下摆处进行伸缩增减的方式来改变外形；也可以通过改变服装的领子、门襟、口袋、装饰线、分割线等形成内部的变化；或者将上述两种方式结合起来，形成具有创意美感的形态（图10-11）。

图10-11 派生法设计

（七）移位法

移位法是指通过对已有的服装形色质及其组合形式进行选择性的改变，形成富有创意的灵感，增加更多的设计思路。移位法通常有两种方式，即直接法和间接法。直接法指直接移用一些生动奇特的元素到设计创作中，如在创意服装设计中，将服装本身、包袋、鞋帽、装饰品及某些局部造型中的色彩、形态、材质或某种工艺手法直接移入新的组合设计中，在设计中借用互补增加其完善的可能性。例如，将包袋、鞋子中的搭襻移至裤子、门襟、肩部，将领子移至腰部等，需要注意的是，直接移位法选用的元素或形态应与整体风格互相协调，避免视觉混乱。间接移位法与直接移位法不同，并不是单纯的表面搬移，而是加入了设计师的情感与观念等因素，对已有的物体或设计进行有选择、有变化的重组，带有创造性的发挥。由于服装直接与人体结合，因此采用移位法时，需要考虑创意设计时人体的适用性，在这一过程中把握美感，判断设计结果，形成新的表达含义（图10-12、图10-13）。

图10-12　直接移位法

图10-13　间接移位法

第三节 | 服装创意的灵感来源

一、灵感的概念

灵感又称灵感思维，是指在艺术创作、科技生产等活动中瞬间产生的、突发的、富有创造性的思维状态。灵感是艺术家在创作过程中，某一时刻内呈现的精神亢奋、思维活跃的特殊心理现象。灵感具有突发性，经常会突如其来，又稍纵即逝，既不是深思熟虑的结果，也没有严格的推理过程。对设计师而言，灵感是设计的种子，也是设计的生命。在创意服装的设计中，一味地借鉴与模仿、缺乏创造性的灵感迸发，设计作品将很难有所突破，没有趣味和生命力。灵感是一种突然闪现的创造性想象，从表面来看，像是一种看似简单但又很神秘的精神存在。事实上，灵感是设计师思想处于高度集中与紧张状态下，对所积累的经验和考虑的问题基本成熟而又未最后成熟，受到某种启发后融会贯通产生的思维过程。

二、灵感来源

汲取灵感来源的方式可以通过多种途径获得，对于服装设计师而言，不仅要对时尚、色彩和审美等较为敏感，能够敏锐地捕捉流行信息，还要对各种艺术形式感兴趣，如音乐、建筑、历史、少数民族传统文化、宗教文化以及绘画等，甚至街边涂鸦，这些都有可能成为设计灵感来源。

创意服装设计的灵感来源除了和服装设计中的灵感来源相同的仿生学启示、姊妹艺术的启示、科学技术的启迪以及他人经验等外，还包括以下几点。

（一）直接资料积累法

训练观察生活的能力，处处留意观察生活，从生活中发现那些未被别人发现的事物、事件，从哪怕是极小的、不起眼的事物中发现美和获得创意。应勤动手、多记录，对观察的事物、事件去繁就简、浓缩和提炼，省略无关紧要的细节和次要部分，保留主要的部分，使构思的形象具有概括力。

（二）间接资料积累法

通过书本、录像、幻灯片、照片、电影、电视、戏剧、传统艺术、民间艺术和现代艺术等，积累别人的直接经验。例如，在色彩和造型设计中，从彩陶到青铜器，从石窟壁画到漆器装饰，从织锦色彩到古典园林建筑，从淳朴的民间图案到华丽的宫廷装饰等，有许多值得学习和借鉴的好的范本，从中认真研究它们的规律，丰富和拓展造型方法和途径。

（三）主题提取法

灵感来源的途径还可以通过确立主题获取。主题的确立可以是具象，也可是抽象，在此基础上寻找具体的灵感来源。主题是一个大的设计框架，可以将设计整合在一起，具有连贯性和系列感。进行系列服装设计时，先确定一个主题名称，根据主题名称，具体到不同的小标题，主题或标题名称的设定可以是抽象的感觉。

第四节 ｜ 成为优秀的创意服装设计师的条件

要想成为一名优秀的创意服装设计师不是一件容易的事，不仅需要有一定的天赋，更需要懂得学习方法并为之付出辛勤的努力。

一、加强专业课学习

要成为一名优秀的创意服装设计师，首先需要扎实的专业基础，具体包括：了解人体特点，掌握基本的色彩关系，掌握款式图、效果图绘制技法，掌握计算机学习软件，掌握板型和工艺等。只有夯实专业基础，才能够更好地进行设计。

二、收集专业资料及其他各类信息

创意服装设计属于艺术创作的一部分，涉及的内容较多，如音乐、舞蹈、雕塑、文学、摄影等。在日常生活中除广泛地获取专业知识外，还需要收集其他门类的艺术作品、社会及文化思潮等，以此来拓宽知识面，增长见闻，从中获得更多的启发进而产生更好的设计作品。养成及时记录的习惯，为激发灵感而产生的设计想法或构思积累素材。

三、善于观察和模仿

创意设计创作的灵感和线索往往来自生活中的方方面面。有些事物看似平凡或微不足道，如果不注意观察很难发现它们的存在，就不能及时地捕捉，那么可能会失去许多有用的设计素材。人类的发展起初从模仿开始，由本能的模仿上升到有思考、有意识地模仿，通过对自然生物的模仿中获取创作灵感。

四、不断提高审美能力

审美能力也称审美鉴赏力，是指人们认识与评价美、美的事物与各种审美特征的能力；是人们对各种事物、现象做出审美分析和评价时所具备的感受力、判断力、想象力和创造力。作为服装设计师，其个人的审美会直接影响设计的服装风格及作品展现。对于服装设计师而言，能迅速地发现美，捕捉透过现象看其本质是非常重要的。学会思考，不断提升自身的审美能力，这样才能使设计的作品与时代同步，从而引领时尚、引领潮流。

五、积极参与实践

创意服装设计是一门实践性很强的学科，只有不断实践才能真正认识服装，才能获得更多的直接经验，才能做出真正好的、有用的设计。

六、学会与人沟通、交流和合作

设计师是以团队形式存在的，作为一名优秀的创意设计师，必须树立起团队合作的意识，要学会与人沟通、交流和合作。

○● 思考题

1. 结合案例分析说明创意服装设计灵感来源有哪些。

2. 运用创意构思形式进行系列服装设计（6套），风格不限，品类不限。

参考文献

[1]罗旻，张秋山.服装设计基础[M].武汉：湖北美术出版社，2006.

[2]黄嘉.创意服装设计[M].重庆：西南师范大学出版社，2009.

[3]李丽婷.设计色彩[M].武汉：湖北美术出版集团，2010.

[4]李当岐.服装学概论[M].北京：高等教育出版社，1998.

[5]李欣华.民族服饰文化[M].北京：中国纺织出版社有限公司，2021.

[6]叶立诚.中西服装史[M].北京：中国纺织出版社，2002.

[7]田中千代.世界民俗衣装[M].李当岐，译.北京：中国纺织出版社，2001.

[8]韩兰，张缈.服装创意设计[M].北京：中国纺织出版社，2015.

[9]尚笑梅，舒平，杜赟.服装设计：造型与元素[M].北京：中国纺织出版社，2008.

[10]任夷.服装设计[M].长沙：湖南美术出版社，2009.

[11]刘晓刚，顾雯，杨蓉媚.服装学概论[M].上海：东华大学出版社，2011.

[12]孙玉婷，张弘弢.服装设计基础[M].3版.北京：北京理工大学出版社，2020.

[13]陈金怡，蔡阳勇.服装专题设计[M].2版.北京：北京大学出版社，2017.

[14]王受之.世界时装史[M].北京：中国青年出版社，2003.

[15]刘周海.服装专题设计[M].北京：中国纺织出版社有限公司，2020.

[16]沃斯利.西方女装百年图鉴[M].谢冬梅，黄芳，译.上海：上海人民美术出版社，2010.

[17]袁仄.服装设计学[M].3版.北京：中国纺织出版社，2000.